李银河 著

我的生命哲学

花山文艺出版社
河北·石家庄

图书在版编目（CIP）数据

我的生命哲学 / 李银河著 . — 河北 . 石家庄：花山文艺出版社，2022.5
ISBN 978-7-5511-6153-4

Ⅰ．①我… Ⅱ．①李… Ⅲ．①人生哲学－通俗读物 Ⅳ．① B821-49

中国版本图书馆 CIP 数据核字（2022）第 078638 号

书　　名：**我的生命哲学**
　　　　　Wo De Shengming Zhexue
著　　者：李银河

责任编辑：梁东方
责任校对：林艳辉
装帧设计：周伟伟
美术编辑：王爱芹
出版发行：花山文艺出版社（邮政编码： 050061）
　　　　　（河北省石家庄市友谊北大街 330 号）
销售热线：0311-88643221
传　　真：0311-88643234
印　　刷：万卷书坊印刷（天津）有限公司
经　　销：新华书店
开　　本：880 毫米 ×1230 毫米　1 / 32
印　　张：6.5
字　　数：120 千字
版　　次：2022 年 5 月第 1 版
　　　　　2022 年 5 月第 1 次印刷
书　　号：ISBN 978-7-5511-6153-4
定　　价：58.00 元

（版权所有　翻印必究·印装有误　负责调换）

目录

1 人怎样才能生活得快乐

人怎样才能生活得快乐 / 3

只有审美的生活才值得一过 / 6

纯粹的欢乐 / 9

精神的愉悦与身体的舒适 / 11

凡是自己真正想做的事,才值得去做 / 12

生活美好与否,只在一念之间 / 14

性欲与生命力 / 15

生命正进入最好时期 / 18

大痛苦与小痛苦,大快乐与小快乐 / 20

犹豫不决 / 22

饶了自己 / 24

麻将与民族性 / 26

超越年轻和美貌 / 29

中国人的精神荒芜了吗 / 31

直面惨淡人生 / 34

哈哈镜 / 37

我的心路历程 / 39

2　生活家与工作哲学

生活家与工作哲学 / 61

家庭与工作 / 64

工作是手段,不是目的 / 67

灵魂在别处 / 69

敏感和麻木 / 73

做事还是纯玩 / 75

空旷 / 77

硬核 / 80

遥想宇宙 / 82

徒长一岁,何乐之有 / 84

寻求快乐 / 86

让生命在无尽的欢乐中耗尽 / 88

生命哲学家 / 89

3　读书与写作

生命的狂欢 / 95

生命的愉悦 / 96

要不要弄文学 / 98

写什么 / 99

摈弃费力的生活 / 101

伊壁鸠鲁哲学 / 103

退隐和参与可以兼得 / 105

《福柯的生存美学》读书笔记 / 107

梭罗，诗意的栖居 / 113

阅读尼采之理想生活方式 / 116

阅读尼采之关于爱情 / 119

阅读尼采之人生的异常之美 / 121

阅读尼采之恢复质朴 / 122

阅读尼采之充耳不闻的智慧 / 123

几篇读书笔记 / 124

几篇日记 / 128

4　说到底，人是孤独的

赞美孤独 / 141

赞美友情 / 143

友情与爱情 / 145

我为什么几乎没有朋友 / 147

这多好啊 / 148

爱情回味 / 149

爱情与孤独 / 153

一只特立独行的小猪 / 156

妈妈印象 / 158

5　看一点儿生命哲学

看一点儿生命哲学　/　169

美是稀少的　/　174

身心健康与精神生活　/　178

正因为人生无意义，才更值得经历　/　182

死是唯一重要的哲学问题　/　183

人怎样才能生活得快乐

人怎样才能生活得快乐

人生短暂,人人都希望自己的几十年过得快乐。但是很多人生活得不快乐,不一定是因为没有名,没有权,甚至不一定是因为没有钱。

人怎样才能快乐?其实一点也不难,只不过做到两件事,人就可以过得很快乐:一是身体的舒适,另一个是精神的愉悦。

所谓身体的舒适应当包括马斯洛需求五层次中最低的两层——生存需求和安全需求这两种需求——的满足。我们既没生活在非洲,也没有生活在1960年的中国,所以维持生存的饮食需求容易满足;我们既不像20世纪30年代随时要担心孩子被土匪绑票,也不像特殊时期,因为写篇文章就可能被抓起来枪毙,所以安全的需求也容易满足。

老祖宗说:"饮食男女,人之大欲存焉。"现在,全中国所有的人差不多都可以有基本的温饱和安全了。至于说到性欲的满足,虽然在进城打工的青年民工中还有些困难,虽然在边远贫困山区由于女人爱往富庶地方嫁而有些困难,绝大多数人也是容易满足的,至不济还可以通过自我解决,不像饿饭会死人,这件事说到底是死不了人的。

所谓精神的愉悦应当包括马斯洛需求五层次中较高三层的满足：归属（社交）的需求、受人尊敬的需求以及自我实现的需求。

不一定非要亲人环伺、儿孙绕膝，仅仅参加一个业余羽毛球队，也可以满足归属的需求。如果能够得到志趣相投、亲密无间的友情，或许比感受亲情更加快乐；如果能够得到心心相印、缠绵浓烈的爱情，就更加快乐。

受人尊重的需求虽然困难一些，但是也并非难以企及，所有挣钱养家的人都能得到起码的尊重，成就越大的人得到尊重的程度越高。前者只能得到身边几个家人的尊重，后者（比如一个艺术家）可以得到更多人的喜爱和尊重。但是有的时候，度量标准不是绝对的，而是相对的，人们得到尊重的程度与成就并不总是成正相关关系的，一个贫病交加的母亲为孩子做出的努力和牺牲就有可能比一位大富翁所做的得到家人更多的尊重。

自我实现是一个人更本质的快乐，是快乐的起始和极致。最典型的是那位匿名捐赠80亿美元财产的查克·费尼。他自己过着简陋纯朴的生活，把钱捐出去，甚至不用自己的名字命名基金会，不把自己的名字镌刻在捐赠的大楼上，只是在看到一位受他捐赠做了兔唇手术的女孩脸上绽开的笑容时，得到由衷的快乐。他的所作所为甚至不是为了得到人们的尊重，而仅仅为了救助他人这件事给他内心带来的快乐。

当然，自我实现并不一定要出类拔萃之辈才能获得，每个人都有一个自我，他的自我能够实现就是他最大的快乐。大画家画出了美不胜收的一幅画是自我实现；一个平凡的家庭主妇做出了一道人人赞不绝口的菜肴也是自我实现。虽然画家的自我不同于家庭主妇的自我，它们的实现却能带来同样的快乐。

有了起码的舒适的物质生活，再加上愉悦的精神生活，人就可以生活得快乐。我觉得这东西一点也不难得到，只要你真的想要。所有那些生活得不快乐的人，归根结底是他并不真的想得到快乐。

只有审美的生活才值得一过

人的日常生活是枯燥烦闷、无限重复的，出生，长大，成熟，老去，死亡。每个人都重复着这样的生活，每一天都重复着这样的生活。正是在这个意义上，哲人说，只有审美的生存才是美好的生存方式。

我想，所谓审美生存有三项可能的内涵：最浅的是对艺术和美的欣赏、享用；其次，如果你是个艺术家，可以得到创造美的快乐；最深的一层是以一种审美的优雅态度生活，最终目标是把自己的生活雕刻成一件美不胜收的艺术品。

对艺术和美的享用是人生在世最值得去做的事情。绝大多数人每日辛苦劳作，日出而作，日落而息，劳心劳力，忘记了这都是生存的手段，而不是目的。生存的目的是对美的享用。如果一个农民的全部生活就是整天弯腰劳作，从不抬头欣赏一下落日的余晖，那么他的生活就全是痛苦，没有快乐；如果一个工人的全部生活就是在水泥匣子似的厂房中摆弄螺丝钉，从不去投入地看场电影，开心地笑一笑，那么他的生活就全是痛苦，没有快乐；如果一个白领的全部生活就是在电脑前枯坐，从不去听听音乐，看看画展，那么他的生活也就全是痛苦，没有快乐。换句话说，为生存的劳作只是手段，而目的是审美，是从对美和艺术品的欣赏中得到生存的愉悦感。

艺术家的生存方式，是更加纯粹的审美生存，因为就连他的劳作都是审美。创造美的艺术品是他的生存方式。法国当代文学大师巴塔耶认为："对于人来说，最重要的行动就是文学创作。在文学中，行动，就意味着把人的思想、语言、幻想、情欲、探险、追求快乐、探索奥秘等，推到极限。"按照这位法国新小说派大师的想法，在人的一生中，最值得一做的事情就是文学创作，因为它不只是对美的享用，还是对美的创造、体验。它是人生最美好的行动，是审美生存本身。其他门类的艺术家也如是，音乐家、画家、雕塑家、行为艺术家、诗人、剧作家，他们的人生都是最令人羡慕的生存方式。正因为如此，罗曼·罗兰说："艺术……赋予心灵以最珍贵的财富，即自由。因此，没有别的任何人能够比艺术家更愉快。"艺术家的生存完完全全就是对美的创造和对这个创造过程的享受，所以，他们是世间所有人中最快乐的人，他们的生存方式是最美好的生存方式。

可惜，绝大多数人都没有艺术天赋，难道他们只能生活在痛苦乏味之中？他们的生活只能是悲惨的？不。天才的福柯提出一个极为鼓舞人心的想法：从什么时候开始，艺术成了一个专门的行当？难道只有画家画画、音乐家作曲、雕塑家雕刻、文学家写小说才是艺术活动？为什么人的生活不应当成为一件精美的艺术品？他的想法为普通人开启了审美生存的可能性，一个没有艺术天赋的人同样可以得到审美生存，那就是把他自身的生活塑造成一件美不胜收的艺术品。这个想法暗合马斯洛的"高峰体验"，他的高峰体验固然是指文学家写出一篇美的小说、画家画出一幅美的画作、音乐家创作出一首美的歌曲；与此同时，它也包括家庭主妇做出一道美味的菜肴，为丈夫、子女营造出一种其乐融融的美好关系，从中所获得的快乐。爱情给人带来的快乐、性活动给人带来的快乐、友情给人带来的快乐、亲情给人带来的快乐，所有这些"高峰体验"都是审美生存的目标。这些就是每个普通人都能追求到的目标。

　　人生苦短，让自己的生活变成审美生存，把自己的人生塑造成一件精美的艺术品。

纯粹的欢乐

世界杯开幕时正好出差，开幕式时正在火车上，所以没看着。后来听说开幕式的主角是一位屎壳郎，推着足球出场。虽然至今没看到这位主角的造型，但是心里感到很佩服。比起我们办奥运会的庄严肃穆，他们这个玩笑开得够大的。其实我觉得这个创意倒更接近足球的本质——本来就是玩儿嘛，就是全世界人民一起玩一场游戏，英文"play a game"本意就是"玩游戏"嘛。虽然用了"军团""开战""战胜""战败"一类的军事术语，但是它毕竟不是世界大战，跟政治、军事都无关，甚至跟经济无关——要不然岂有中、俄这样的大国没份儿，朝鲜、加纳这样的小国倒能参加的道理？

我们应当恰如其分地把世界杯看作一场纯粹的游戏、纯粹的欢乐、纯粹的狂欢，这不仅更符合足球的本质，对我们也是一个安慰——如果是比国力，那我们参加不上就很痛苦，很焦虑；如果仅仅是一个游戏，那我们自己玩不好也没什么，自己玩不好就看别人玩，他们表演给我们看，也没什么不好。我们的快乐程度虽然比日本人、韩国人低一些，但还是得到了快乐。

记得20世纪80年代我在美国留学时，美国人也玩不好足球，据说是因为足球进球太少，美国人是小孩儿心性，看着觉得不如篮球、橄榄球过瘾。我有时也觉得足球看着不耐烦，尤其是０：０的比赛，看着觉得很闷。有时甚至产生一个罪恶的想法：不如取消守门员，防守只靠后卫，这样每场能进个十个八个球，足球还能好看一点。如果让我在看足球和看斯诺克之间挑一样，我宁肯挑斯诺克。

总而言之，或者由于中国近代史上过于屈辱，或者由于我们的国民比较缺乏幽默感和游戏心态，我们总是显得过于严肃，连做个游戏也要联想很多。朋友跟我讲，那天他在麦当劳里看日本队那场比赛，旁边有个小伙子一直在用脏话痛骂日本人，连他这个平日里满嘴脏话的人都听不下去了。当然，中国人对日本人的反感不是无缘无故的，他们欺负过我们，侵略过我们，我们讨厌他们曾经是完全理性的。但是，在和平时期，这种厌恶中非理性的成分就越来越大了。上次看《锵锵三人行》，有个日本人说，很多日本人都觉得中国人"脏"。我听了就很受刺激，很反感，因为觉得一个人种"脏"已经不是以事实为依据的理性思维，而是带上了种族歧视的非理性意味。但是话说回来，足球不过是游戏。如果日本人现在来侵略我们，我们13亿人全都会扑过去把他们打个稀巴烂；如果人家只是踢个球，做个游戏，我们就不必那么激动了。

精神的愉悦与身体的舒适

　　心情已经恢复正常。我对生活很满意，已经一无所求。我希望身上所有的零件健全，快乐地工作，再享受几十年快乐无忧的生活。精神的愉悦和肉体的舒适，这将是我活在这世上的全部内容，也是我的生存状态。

　　生活中的诱惑太多。在没有好书和好电影看的时候，有了更多的时间工作。但是，我始终在怀疑努力工作的意义。这是一对矛盾。难道精神和物质的享受不应当是生活的主要内容吗？

凡是自己真正想做的事，才值得去做

58岁生日，在海口，独自一人沉思默想。时光荏苒，生命不再。按照一般规律，再有十几年就谢世了，人生七十古来稀嘛。哥哥才61岁就结束了真正意义上的生命（中风）。看着小壮壮懵懵懂懂地生活，觉得生命就是这样盲目的。有时人明白一阵，很快又回到了哥哥那样的懵懂状态。壮壮关心的只是每天吃什么而已，所做所想全都来自本能。最终我也会回到那个状态去的。

在想明白这一点之后，做什么这个问题就一直在烦扰我。没有什么是值得做的，没有什么是有兴趣去做的，处于一种哲学的出神状态。人逐渐变得越来越老，越来越丑，最终彻底腐败。

我现在每天有很多时间陷入哲学沉思之中。如果我真的想通了，就什么也不做了，只是利用我的话语权偶尔玩一玩喽，淘淘气喽。其实我觉得对生命必须有一个游戏的心态，不然会忍受不了生命的真相。所谓游戏人生，就是这样。那些反对游戏人生的要么是过得太辛苦，根本不够格游戏人生；要么是完全没有幽默感，在压抑和枯燥中打发生命。

难道我的生命不也是懵懵懂懂的吗？我大多数时间随波逐流，做不得不去做的事情，并没有真正做到随心所欲，总是做自己真正想做的事。像小波那样，才是真正有质量的生命，他生命的大多数时间是在做自己最想做的事。我的问题不是没有时间和能力做自己最想做的事，我的悲剧在于不知道什么是自己最想做的事。

其实能给我带来快乐的是写博客，随手记下一些自己偶尔冒出的想法，还有一些人能在看到后会心一笑。但是我又不愿暴露太多的私人状态。这是一个矛盾。

刻意地写东西不能给我带来太多的快乐。是不是不勉强自己了？其实原则只有一个：凡是自己真正想去做的事才值得去做，无论是看书、看碟还是写作；凡是自己勉强去做的都不值得去做，不会做好，也不会给自己带来快乐。今后就按这个原则生活吧。

生活美好与否，只在一念之间

人的生活是美好的还是悲惨的，其实只在一念之间。

原因在于，美好的感觉来源于身体的舒适和精神的愉悦。

身体的舒适是容易达到的，饿了吃点东西，冷了穿点衣服，热了把空调打开，可以立即得到美好的感觉。

而精神的愉悦更是只在一念之间：如果你想着悲惨的事情，生活会变得悲惨；如果你想着美好的事情，生活会在几秒钟之内变得美好。如果你每天、每刻只想着美好的事物，你的生活就会变得非常美好。这些美好的事物就是自然的美景、人造的美（音乐、美术、文学、哲学）、亲情、友情、爱情。当然，这些东西有些可以很容易得到，有些不一定总能得到，但是得不到这样，可以得到那样。有时，即使沉浸在对这些美好事物的思念之中，也是一种不错的感觉。

说到底，美好还是悲惨，快乐还是痛苦，只是人的一种感觉。所以，我说，一个人能否使自己的生活变得美好，只在一念之间。

性欲与生命力

目前的意义危机已经达到空前的程度，这也是退休前的一种预演吧。因为退休渐行渐近，意义危机愈演愈烈。过去不能想象的"kill time"方式已经成为常态。生存危机，不是物质的危机，而是精神的危机。究竟用自己的生命（大好的时光）做点什么，成了每天早上起来的第一个问题，成了每晚入睡前的最后一个问题。

人的一生能够碰巧赶上没有战乱，平平稳稳，这是极为难得的。我是一个真正的幸运儿，就因为我生在1952年，虽然经过十年动乱，但是毫发未伤。已经安安静静活了58年，不可谓不幸运。

用其所长，避其所短，这是一个明智的选择。世界上有千千万万可做的事情，如漭漭江河，而我只能取一瓢饮。问题就是，饮什么呢？我羡慕小波爱写小说，羡慕陈丹青爱画画，羡慕李零爱做学问，没有一爱，是我的最大问题。我居然能把自己的时间拿出来为别人编书，就证明我这个人是一无所爱的，是不可救药的。我只能这样堕落下去了吗？

其实我已经得到了自由。在这个世界上，得到自由的人真的很少。大多数人都不得不为生计奔忙。我是那一小撮真正的幸运儿。可是我却不知道拿自己宝贵的自由去做什么。有一个理论，说历史上所有的精神产品都是贵族创造的，就是因为他们游手好闲，无所事事，穷极无聊，说到底是有时间，有自由，去做自己喜欢的有趣的事情，于是创造出了真正美好和有趣的东西。

最近看到魏宁格的《性与性格》，这是一本一百多年前出版的书，作者是一个24岁就吞枪自杀的奥地利人。这本书的观后感用一个词可以概括：令人发指。全书论述女人没有灵魂，男人是有、女人是无等，把此等荒谬语言说得像煞有介事。随便拣一个例子，他这样写道："当一只动物杀死另一只动物的时候，我们其实并不认为前者应当负什么责任。然而，当女人犯了杀人罪的时候，我们却认为她应当对此负责。这就证明了女人的位置高于动物。"他竟然觉得女人位置高于动物是需要论证的。全书充斥着这类荒诞的论调，怎能不让人怒发冲冠？

然而，他所讲的女人没有创造欲望，使我感到隐忧。一个分析是比较深刻的，他说，男人的性欲是外来的、强迫的，所以男人总是对此感到羞惭，总想克服它，用自己的精力去做别的事；而女人的性欲是内在的、全身心的，所以女人除了性欲，什么也不是，她的全部生命就是等待交配，别的什么也做不了。

我知道这个论点没什么证据，从我作为一个女人的亲身体验也知道他是错的，但是觉得弗洛伊德的"原欲受阻，精神升华"论还是有一定道理的。我常常隐隐感到，男人无处宣泄的性欲是他们创造的原动力，创造力和性欲应当是成正比的。会不会我的创作冲动小是因为这个呢？如果是因为这个，我就没辙了。我有时发现自己喜欢做重复性的单调的简单劳动，比如说分析数据。这就是生命平静、性欲平淡的表征吧。

  我不甘堕落。我要写小说。我要挑战自己的极限。

生命正进入最好时期

反复掂量写小说的可能性。可能虐恋小说集就是我这辈子唯一一本小说了。我更大的兴奋点还是短文——政论和时评。今后就这样吧,有什么冲动就写什么,但是一定要写点什么,不应荒废,不应虚度。

这样想了之后,心情一下子松快下来,不像以前那样紧绷绷的了。人毕竟只能做自己胜任、愉快的事情,不能强迫自己去做不擅长的事情。希望今后的生命还是充满了创造力,只不过是在自己更加得心应手的领域。

正进入生命最好的一个时期,似乎百毒不侵,真正我行我素;心中全无欲望,百无禁忌;自由自在,随心所欲不逾矩。而且并没有完全陷进叔本华钟摆的陷阱,他说,只要有欲望未得实现就痛苦,只要所有的欲望都实现了就无聊。我虽然摆脱了所有欲望,但是尚未觉得无聊。有文学艺术愉悦我的心灵;时不时还有一点写作的冲动,使我不时能尝到创造的甘甜。

现在所进入的时期是,生命中的大多数时间只是享受,享受这个世界上最聪明的人制作出来的最美好的精神产品,心中不时感动。在聆听一首经典的乐曲时,任泪水默默流淌,享受从几百年前一个天才的心灵中传来的天籁。

想到这样的生活可能还有几十年，心中无比欢欣。这是生命的欢欣。虽然深知这一切最终会消失得无影无踪，但是在有生之年能享受到这样的生活，觉得上天对我不薄。

祈祷世界和平，祈祷中国进步。祈祷所有的动乱和战争推迟发生，至少推迟到我死后，当然最好是根本不要发生。

大痛苦与小痛苦，大快乐与小快乐

人生在世，要经历大大小小的痛苦。如果心怀大痛苦，许多小痛苦就可以化解；如果心怀大快乐，许多小快乐就可以被涵盖。

所谓大痛苦，就是生存之荒谬感。生存本来就是荒谬的，一切纯属偶然。如果看透了这一点，许多小痛苦就会变得不在话下，比如亲人的离世，比如朋友的背离，比如仕途的蹉跎，比如事业的失败。

所谓大快乐，就是生命的奇迹。我们能成功地来到这个世界，能成为一个人，能感觉，能思想，你知道这个概率是多么小吗？我们每一个人，就因为是人，已经中了一个百万分之一的大奖。我们每一个人都是这个宇宙中的幸运儿。我们怀着这样一个大快乐、大惊喜，生命中已经蕴含着巨大的快乐了。其他所有的小快乐都是为这个大快乐锦上添花的，比如有了钱，有了权，有了名，比如肉体的快乐、精神的快乐，比如和了牌、一卷三。

因为心怀大痛苦，我特别不能理解抑郁症。与生存的荒谬这个大痛苦相比，还有什么可抑郁、想不开的事呢？家里有个亲戚得了抑郁症，我急得抓耳挠腮，总想把我这个关于大痛苦的想法传授给他，只要想通了这个，还吃什么百忧解呀？！以我的看法，只要想想这个大痛苦,抑郁症就好了一半;再想想那个大快乐,抑郁症就应当痊愈了。治疗抑郁症的行业可以取消,抑郁症医生应当全部改行了。我的见不到面、从未谋面的患抑郁症的朋友呀,你们能听我一次话吗?

犹豫不决

无意中看到一个评价,心情极坏。如果是这样,为什么还要做事,也许我的宿命就是无所事事和玩乐至死。

一个最直接的辩护是,别人不熟悉我的专业。但是业内的人不是也有低的评价吗?虽然可能是标准不同,我写的东西自有它的价值,但还是令人相当沮丧。

我不应该为自己辩护。因为自己写时都很不耐烦,并不是用心写出来的东西,别人怎么可能喜欢呢?只能认为是逆耳忠言了。

现在面临的选择是:一、写一点用心的东西;二、什么也不写了,纯玩。世界上99.99%的人都选择后者,为什么我要独选前者呢?选前者的人有两种:一种是最幸福的人,他们一般都是天才(纳博科夫所谓"天才派"),写作是他们的宿命,他们沉浸其中,快乐无比,王小波和冯唐都是这样的人,当然,即使如此,写出来的东西还是有好有坏;另一种是最痛苦的人,他们一般都是凡人,可是以为自己能写作,结果既没有写出什么东西,也没有享受庸碌但平静的人生,惶惶不可终日。

我恐怕余生会一直在这二者间犹豫不决,犹豫不决就是我的生活状态了。

最纳闷儿的是我为什么会出名，难道仅仅因为小波？显然不是。大概是因为我在任何时候都完完全全讲真话，在这个社会是罕见现象。我其实有点享受这个话语权，可以造成不孤单的假象（其实人永远是孤独的）。那么我可以选择第二种生活，多写写博客和微博，暂时就这么选择了，看看还会有什么变数。

饶了自己

在酷热的日子里，深切感到生命的丑恶。外面有单调的蝉鸣，好像在憋雨，可是怎么也下不来。老天一定憋得肚子胀胀的、疼疼的，什么时候才能痛快淋漓地宣泄一下呢？

常常在想写作的事。我感到，小说是写不了的，写小说必须心有郁结，无论是阶级的、贫富的、性欲的，必须有郁结，而我恰恰是没有郁结的，所以没有动力写，硬写也是写不好的，至多是苏珊·桑塔格和村上春树那样知性的、理性的东西，而没有感性的东西，不可能好看。看了福斯特的《莫瑞斯》，更痛切感到是这么回事，他的欲望受到压抑，很痛苦，于是感觉变得敏锐。虽然对同性恋的恋情不喜欢看，但是还是能从纯文学的角度受到吸引。试问，如果他不是欲望受到压抑、挫折和折磨，能写出来吗？能有动力写吗？

现在我被说成是"那个写博客的人"，这就是对我的人生的评价吗？我感到痛苦、无奈。可是世界多么大呀，无数的人，古往今来，前仆后继，在茫茫人海中能被人知道已经很不容易了，绝大多数人都是生下来，活几十年，然后死去，就像从未存在过一样。不管是因为什么，我的生命比许多人更有滋味、更精彩，

自我实现并不一定要出类拔萃之辈才能获得,

每个人都有一个自我,

他的自我能够实现就是他最大的快乐。

凡是自己真正想去做的事才值得去做,

无论是看书、

看碟还是写作。

人生在世，要经历大大小小的痛苦。

如果心怀大痛苦，许多小痛苦就可以化解；

如果心怀大快乐，许多小快乐就可以被涵盖。

有一段时间，我不敢长时间地仰望星空，

因为从中会看到人生的荒芜、冰冷、无意义。

我无法接受这个可怜的生命仅仅在无边的宇宙中像一粒微尘一样

存在短短的一段时间就永远消失不见的残酷事实。

我可以窃喜了。

有人说，我写的东西就是简单地分类。我是挺受打击的，可是扪心自问，他们说的也没什么错。基本事实的描述、一些新观念的引介，这就是我做的事情，现在再后悔已经来不及了。虽然别的人也没做什么了不起的事情。主要是我才力不够，而且给自己定的目标太低，只是跟周围人比，觉得自己还行，没有什么远大的志向。总记得当年刘索拉说的，本来自己不怎么样，可是一看周围，没有比自己更好的了。所以她才出国去寻找真正的高手，想做真正比较高明的东西出来。我就是没有她那么高的志向而已，满足于跟身边的低手比比就饶了自己了，于是，轻轻松松、浑浑噩噩地度过一生。

我现在只想快快乐乐、平平静静地度过余生，不期望惊涛骇浪，也不期望什么更大的成就，就做一个社会的看门狗好了，剩下的时间懒洋洋地晒晒太阳，听听音乐，了此残生。

麻将与民族性

随着年纪增长，我越来越深切地感受到熵增趋势的无情进程，一切美好的事物都在无可挽回地逝去，人的肉体变得丑陋，人的精神变得萎靡，所有曾经美好的关系都趋向于解体和消融。因为人按照本性是懒惰的、好逸恶劳的，除非有非做不可的理由，人自然地趋向于无所事事，游手好闲。过了40岁，人就连做爱都懒得再做。如果不吃饭不会饿死，人就连吃饭都能免了。林语堂有一次说，我们跟美国人最大的区别就是，美国人喜欢工作和竞争，我们喜欢悠闲的生活。虽然林语堂不是社会学家，但是由于他在两个国家都生活过不短的时间，他对两国人的区别的这个观感倒可能是真切的。

古人足够聪明，发明了麻将，它既完全随机，又变幻无穷，就是一个大头傻子都可能碰上一手天和地和的好牌，就是一个智商180的机灵鬼也可能碰上一手十三不靠的烂牌，抓耳挠腮，无计可施。所以，麻将真是魅力无穷。就是玩不带钱的，仅仅看概率现象的鬼斧神工，也能感受到它的魅力，如果再带上赢钱输钱，就更加刺激。承受力差的，可以玩一毛两毛的；承受力好些的，可以玩四块八块的；根本不在乎钱的大富豪，还可以玩一万两万的。想行贿的，也很方便，只要该和不和，就可以名正言顺地让受贿人把钱赢走。麻将的设计居然能精妙到只要是同一群人、玩一次两次有输赢、玩较长一段时间就没有输赢的程度。这是典型的概率现象：如果你把一枚硬币抛100次，每一面出现的概率趋向于50%，虽然第一个10次有可能是4:6甚至3:7。

到过成都的人，都会对那里人对麻将的迷恋留下深刻印象。大街小巷，到处支起牌桌；男女老少，全都如醉如痴。那是全中国人生活的一个缩微景观。女人过了50岁，男人过了60岁，麻将就是他们全部的活计，是他们在吃饭、睡觉之外全部的快乐所在。无论平常多么沉闷无趣的人，上了牌桌也会变得生龙活虎，趣味盎然，甚至幽默诙谐，妙语连珠。说麻将是我们最喜爱的娱乐方式，这个判断绝对不会错。

我有时觉得，麻将是我们民族性的象征，因为这个游戏的特征是，没有投入，没有产出，没有成功，没有失败，没有目标，没有归宿，没有英雄，没有奸雄，除了随机现象，什么都没有。我们一般不信上帝，不信鬼神，全部的心思集中在此生此世。生命本来就没有目的，没有意义，像麻将一样，完全是个随机现象。这一点让外人接受下来，简直就能要他们的命，伤心蚀骨，痛苦异常；而让我们接纳这一点却容易许多，他们早就在玩麻将的过程中，对这一点心领神会，谙熟于胸。正因为如此，麻将成为我们无目的人生的一个自然选择。大家的时间全都花在毫无产出的麻将上了，大家的聪明才智也都在这随机现象带来的快乐中消耗殆尽。

　　麻将所象征的民族性是一柄双刃剑，一方面，它像鸦片一样，麻痹了我们的神经，使我们不愿意去做任何事情，只是安于随机的存在；另一方面，它使我们获得灵魂的平静，能够过一种悠闲的生活，能够忍受生命的无意义这个全人类和每一个个人都必须面临的痛苦事实，在随机现象带来的随机的快乐中走过无目的的漫漫人生，安然迎接无人可以逃脱的自身的死亡、解体和一切或曾有过的意义的消亡。

超越年轻和美貌

在网络上多次被人叫作"老太婆",叫人的以为被叫的一定会大受打击,从此一蹶不振。扪心自问,刚刚看到时还真是受了点打击,但是,把他们的动机和自己的反应仔细想了一下,也就释然。

首先想到的是,女人跟男人还是不平等。一个五十多岁的男人要是被人叫作"老头子",虽然会有点儿纳闷——我已经老了吗?——但是就不会有过多的反感。从这么叫人的人的角度看,最多也就是眼神不大好,没有骂人的意思。可是叫"老太婆"怎么就有了骂人的意味?原来,传统妇女的全部价值就在于年轻和美貌,如果她没有了这两样东西,她就完蛋了,所以一个老太婆尤其是丑老太婆的价值等于零,所以把一个50岁的传统女人叫作老太婆就能给她沉重的打击,所以《白雪公主》里面的邪恶王后总要一再地问镜子谁是天下最美的女人。人都要老,都会变丑,这是自然规律。一个女人要想幸福和快乐,必须超越年轻和美貌,必须在年轻和美貌之外还有价值。如果是这样,变成丑老太婆就不再是一件致命的事情了,跟变成一个丑老头子也就没什么大区别了。

其次,我认为,人在什么岁数就是什么岁数的样子最好。如果20岁的人像50岁就不大对劲，50岁的人还像二十多岁也不对劲。我爸爸是个比较好色的人，他有一次悄悄对我说："你妈妈从来没有漂亮过。"可是，在妈妈80岁的时候，我觉得妈妈很美，她的头发全白了，有的地方都露出了头皮。在那个岁数上，所有的人都是那样的。而她那智慧的眼睛、她那慈爱的皱纹，看上去很舒服，甚至可以说是美的。我不愿意在50岁时看上去像20岁 当然也不要看上去像80岁哟），我愿意让自己看上去像50岁就行了。我既不想违反自然规律，也没有那个不惜一切手段要做天下最美的女人的老巫婆那样的抱负。

总之，人哪，该老就老，该丑就丑吧。对于我这个岁数的人来说，只有超越年轻和美貌，才能获得快乐和平静的心情。

中国人的精神荒芜了吗

曾有出版社邀命题作文,写中国人的精神荒芜问题,我思来想去,还是拒绝了,因为我无法确定中国人的精神已经荒芜了。为了搞清这个问题,我把这个命题解析为四个相互排他而穷尽的选择题:第一,中国人的精神曾经是繁盛的,最近才荒芜了;第二,中国人的精神过去就是荒芜的,现在仍旧荒芜;第三,中国人的精神曾经是繁盛的,现在也没有荒芜;第四,中国人的精神过去是荒芜的,现在繁盛起来。

我能理解,编辑在这则选择题中选的是一。她们的逻辑是,中国在三十年前处于物质贫困的阶段,最近三十年,中国在物质上富裕了,但是人们全部的心思都用在金钱和物质上,在精神上却一片空白,变得荒芜了。

中国人在精神上曾经是繁盛的吗?偶然见到过一段文字,提到1701年,有一位旅居中国的法国人写了一本书,谈到他对中国人的印象,他这样写道:"这是一个只怕皇帝,只爱钱财,对一切有关永恒的主题都无动于衷、漠不关心的民族。"这个法国人显然把人的生活分成了两个部分,一部分是物质生活,另一部分是精神生活。在他看来,中国人不大看重精神生活。所谓精神生活在他看来就是宗教信仰——"有关永恒的主题"。按照这个法国佬的逻辑，前述选择题的正确答案应该是二。

然而，所谓精神生活就仅指宗教信仰吗？在我们这个古老文化绵延数千年的国度，人们基本上是无神论的，或者至多不过有点泛神论倾向，对所有的神灵都在将信未信之间，有时候还会相信树木、泉水、狐狸这些动植物、自然物的神性，所谓万物有灵论，中国人看重现世生活，不太看重来生，不太关心永恒，也不关心神，难道我们的精神生活因此就一定是荒芜的吗？

在我看来，精神生活有广义、狭义之分。广义的精神生活当指相对于物质生活的一切。几千年来，也许有相当数量的中国人一生一世只有物质生活，完全没有精神生活，过完吃喝拉撒、生老病死的现世生活就离世了，但是肯定有相当数量的中国人拥有丰富的精神生活，要不无法解释我们发达的上层建筑——文化艺术。中国是印刷术的发明国，如果没有看书这样的精神需求，印刷术绝不会被发明出来。中国又是世界上用文字记载历史最早、持续时间最长的国家之一。早在世界文化一片荒芜的时候，我们中国人就有了繁盛的精神生活。在这个意义上，我倾向于选择答案三：中国人的精神曾经是繁盛的，现在也没有荒芜。

精神生活的狭义解释可以指一种高尚的精神，比如说相对于现实主义的理想主义；相对于自私自利的牺牲精神、献身精神；相对于腐化、堕落的勤劳、勇敢；相对于坑害他人的诚信、自律；

等等。我想，编辑的原意也许是说中国人远不如过去高尚了，社会上只剩下物欲横流。这个问题我是这样看的：我们的社会中一直是既有现实主义也有理想主义；既有自私自利也有牺牲、献身；既有腐化、堕落也有勤劳、勇敢；既有坑蒙拐骗也有诚信自律的。这两种人共存于社会之中，比如有人为了中国的航天事业终生奋斗在荒无人烟的山沟里；有人为了救别人牺牲了自己；有人辛勤地劳动，除了为了自己的温饱，也为了他人的福祉、社会的进步。因此，即使在狭义的精神定义上，我们也不能断言中国人的精神全都荒芜了。

我们应当倡导人们在物质生活满足之外，追求更优雅的精神生活，追求更高尚的精神，但是要慎用"中国人的精神荒芜了"这样的全称判断。

直面惨淡人生

在我的一生中，人生哲学对我来说是一位不可或缺的朋友，是一位频繁来访的朋友，又是一位永远无法彻底了解、神秘而可怕的朋友。

像罗素在5岁时想到"我的漫长的生涯才过了1/14，因而感到无边的惆怅"一样，我也是从很小就开始思索宇宙和人生的问题。有一段时间，我不敢长时间地仰望星空，因为从中会看到人生的荒芜、冰冷、无意义。我无法接受这个可怜的生命仅仅在无边的宇宙中像一粒微尘一样存在短短的一段时间就永远消失不见的残酷事实。荣格说，这个问题不能常想，否则人会疯掉。我却常常想，不由自主，至今尚未疯掉只能说明我的神经质地坚韧，而且不是一般的坚韧。

这种思考方式和生活方式也并非全无益处。一个显而易见的益处就是，无论碰到什么样的灾难或看似难以逾越的障碍，只要像我惯常所做的那样，往深处想想宇宙和人生，想想宇宙的广袤，想想人生的无意义，这些貌似难以逾越的大墙就会登时分崩离析，轰然倒塌，消弭于无形，就连让人一想起来就热泪盈眶的爱情之火都可以熄灭，就连最令人心旷神怡的景色都可以黯然失色。因为在宇宙最终的熵增的一片混沌中，这一切都不过是一粒微尘而已，甚至连微尘都算不上，它仅仅是人这种渺小生物的一种感觉或痴迷。

我相信，宗教最初就是这样产生的，因为宇宙和人生的这个真相实在太过残酷，令人无法直视，人们只好幻想出种种美好的天堂、神祇、意义和价值，使得人生可以忍受，使得真相不显得那么生硬刺目、那么赤裸裸、那么惨不忍睹。在这个意义上，我羡慕那些信神的人，哪怕是那些不是清醒地而只是懵懵懂懂地信神的人，他们的人生比我的容易忍受。但是难道他们真是清醒的吗，他们坚信不疑的事情是真实的吗？

我的心底始终是无神论的，至多不过是古希腊罗马人那样泛神论的。他们心目中的神祇不过是一种美好的神话传说，就像童话故事一样。虽然不情不愿，但是我的理智和我所受到的所有教育都告诉我，无神论是唯一的真理。承认这个是需要一点勇气的：既然根本无神，你就只能把眼睛拼命地睁开，直面宇宙的荒芜和人生的无意义。

我很年轻时就接触过存在主义，它立即吸引了我的全部注意力，因为它说出了残酷的真理：存在纯属偶然，人生全无意义。存在主义同时为人生指明出路：人可以选择，并自己去承受选择的后果。既然人生没有意义，人为什么还要活着，还有什么必要？既然没有必要，是不是只有去死这一种选择了呢？

存在主义的回答是，可以有多种选择：可以选择死，也可以选择活；可以选择这样活，也可以选择那样活。于是，我愿意我的人生更多出于自己的选择，较少出于外部力量的强迫。即便这样，有些事情还是会强加在我身上。比如，我选择了爱情，但是命运（偶然性）最终残忍地让它夭折；我想选择文学，命运却不给我艺术家的忧郁，而随手给了我明晰和单纯（本雅明认为这两项品质不属于艺术家）。当然，在可能的范围内，我还是要尽量地选择，而不是被动地接受命运的安排，因为这才是存在，否则不是存在。

萨特有一次说："在不存在和这种浑身充满快感的存在之间，是没有中立的。如果我们存在，就必须存在到这样的程度。"这话说得够决绝，人或者存在，或者不存在，没有中间项；而存在与否的标准在于是否浑身充满快感。按照这个标准，这个地球上存在的人并不太多，至少不是时时存在的。这个标准听上去简单，但是实施起来并非易事，仅仅观念一项就可以扼杀无数人获得快感的愿望和机会，遑论习俗、文化、五花八门的行为规范。可是，萨特所指出的难道不是唯一可能的存在方式吗？

既然宇宙是如此浩渺、荒芜，既然人生全无意义，快感的存在是我们唯一的选择，我愿意选择存在，尽管它最终还是无法改变存在并无意义这一残酷事实。

哈哈镜

今天评奖，我跟评奖总是无缘。虽然对自己有一点儿怀疑，但是我觉得人们主要还是忌妒。这里面有几个因素：一是我已经有了太多的"名"，别人不想再多给我了；二是我已经有了太多的钱，别人觉得我反正不需要；三是大家都觉得做学问应当是件苦事，如果你做得不苦，别人看你的书看不出苦来，就不如苦的、枯燥的得分。想到这里，心中释然。

有个九十多岁的人大概是觉得自己不久于人世，于是就他的活得相当长的一生的经验写了一些人生感悟，对我有帮助。例如：

"别拿自己的人生和他人做比较，你根本不清楚他们的人生是怎么一回事。"（每个人最终只能过自己的生活，不管你觉得别人的人生比你好还是比你坏，反正你并不能真正知道别人的生活。再说，总有人活得比你成功，比你滋润，总爱比较，徒增烦恼。）

"别人怎么看你不干你的事。"（不管别人怎么看你，你还是你。我总是记得一个比喻：如果别人对你的看法是一面镜子，每个人都会被镜子里的形象吓坏。我总是不大容易忽略别人的看法，因为从小比较虚荣。可是人生经历告诉我，不能不改变这种羞涩和敏感，否则没法往下活。记得我刚买了车不久——那时社科院还很少有私家车——姐姐突然打电话给我,说听说我出了车祸,电话打给了我,听说我没事,她才放心。我想想这个传言,真是不寒而栗,如果我撞车死了,很多人会很高兴的。想到这里,再也无法去想"别人怎么看你"这回事,只能用"有人忌妒证明自己比较成功"聊以自慰。)

"时间会痊愈几乎每一件事。"("痊愈"是不及物动词,此话有语病。道理却是对的。从很小我就明白这个道理了,有时觉得实在过不去了,痛不欲生了,结果就靠这句话渡过难关,活下来。)

"不要那么认真地看待自己,没有人会这样看待你的。"(每个人都容易犯以自我为中心的错误,其实自己没那么重要,跟自己有关的一切也没什么大不了的。)

我的心路历程

做什么

俗话说"三十不学艺",我恰恰反其道而行——去美国求学时刚好30岁。回想当时常令我感到烦恼的一个想法就是,我的一生都在准备,准备做什么事,可一直还没正经做。我还要准备到何时?大概是受了这种想法的刺激,1988年我拿到博士学位之后,就径直回国了。

从美国回来之后,我才感到自己开始了真正意义上的工作(创造)。在此之前,我一直在准备。小学、中学、大学、研究生,我一直在修炼。我的一生一直到1988年,也就是我36岁时,一直在准备,就像一头牛,一直在吃草。现在到了产出牛奶的时候。36岁,真是够晚的了。当然,这里面有许多不以我的意志为转移的因素。比如从17岁到22岁,我一直在做体力劳动。虽然我也在一天天极度疲劳的体力劳动之后,尽我所能地看书,看马克思的书,看鲁迅的书,看当时硕果仅存的《艳阳天》一类的"文学"书,但是我的生命曾耗费在成年累月的纯粹的体力劳动上。我们当时没有选择的余地,没有凭自己的爱好和能力安排自己生活的自由。

我常常这样想，最幸运的人是这样的人：他在八小时之内所做的事情正好是他爱做的事情。可以说，我就是一个这样的幸运儿。

回国之后，我被接纳为中国第一个文科博士后站（北京大学社会学所）的第一个博士后。我以一种狂热的劲头投入了研究工作，毕竟我准备了太久太久。压抑多年的"做事"的冲动猛烈地迸发出来，我一口气搞了十项经验研究。其实，其中的一个已经够我"交差"了，但是我的研究冲动是发自内心的，不是为了"交差"。这种疯狂劲我现在回头看都有点暗自吃惊。难怪一个社会学访问团和我们座谈，当我谈到这两年我完成的题目时，对方露出一副不可置信的表情。

这十项研究的结果是十篇论文，每篇15000字上下。这十个题目依次是择偶标准、青春期恋爱、浪漫爱情、独身、婚前性行为规范、婚姻支付、自愿不育、婚外恋、离婚、同性恋。从另一种角度来说，我在两年间搞十项研究疯得还不够厉害，回国之前，我做了个"社会学百题"的备忘录，现在有时还会翻看，觉得自己比当时的气魄已经小了许多。

这十篇论文分别发表在《中国社会科学》《社会学研究》《社会学与社会调查》等杂志上，有的被译成了英文和日文，有的题目有新闻价值——如自愿不育和同性恋——常常被通俗刊物和报纸、电台、电视台报道。那天在地铁买了一份小报，上边有个署名"黑娃"的人在头版头条写了一篇关于自愿不育的文章,我一看,里面怎么尽是我论文里的原话,心里不免有些愤愤;可转念一想,人家虽然没指明哪段是出自我的手笔,但该羞愧的是他,而不是我——只是不知这位黑娃是否是真的非洲种,也许是他自觉够黑的,起了这样一个笔名。人如果有东西值得别人一偷,也不能说完全是坏事。尽管上小报有点"丢份",也不至于就为这点事跟人"较真儿"。这么想过之后,心里也就释然。后来,这十篇经验研究论文被收入一本论文集,取名为《中国人的性爱与婚姻》出版,虽然只印了4000册,我也挺满足的——我还见过只印300册的学术书呢。这本书后来获得了"北方十五省市优秀图书奖",并且在1998年再版。

我心里清楚,从外面拿文科博士学位回来的人还不多见,因此如一些爱为人指点迷津的朋友所说,回来的人有一种"势能"。问题在于用这种"势能"来做什么。我之所以选中经验研究一途,是经过深思熟虑的。具体说来,原因有二:第一,中国人似乎有一种看不起经验科学的偏向,因此社会科学远不如人文学科那么发达。我们这里的人往往偏爱气势恢宏的高谈阔论,近年来"侃"字的出现频率之高就是证据。而我的抱负是要做一个严谨的社会学家。这些话用通俗的语言来说,就是想分出什么是真、什么是假;但是众所周知,这并不容易,有时真话也挺没劲的。为了和信口开河者划清界限,我甚至不惜把自己搞到矫枉过正的地步——在我用通过经验调查得来的数据写论文和专著时，有时竟感到可说的和能说的话是那么少，以至担心自己的想象力已经衰退了。与此同时，我看到那些高谈阔论的研究，就为别人捏把冷汗。人家的一个小标题，在我看来已经够研究一辈子的啦。

我潜心经验研究的另一个理由是，中国现在社会学的经验研究还不规范。有的研究不信不实，在方法的运用、研究的设计方面尚有不少欠缺。我毕竟是实实在在地学了六年社会学，看到这种现象就感到了一种挑战，这就像看到有人一手持一根筷子吃饭，谁都想给他露一手用筷子的绝技一样。

用这样的方法，我们又做了男同性恋的研究。我们是指我和我丈夫。这个题目颇遭同行和有关部门诟病。从搞调查到出书，遇上了不少头疼的事。好在研究的成果终于写成专著，在香港由天地图书公司出版了。假如我们能沉住气的话，还可能在牛津大学出版社出版。直到现在，我还不理解那些诟病出于什么动机。那不是社会现象吗？社会学到底该做些什么事？不管怎么说，我在完成这项研究之后还想做女同性恋的研究，只是苦于找不到线索。

当时，做什么样的研究是我常常思考的问题。我对当时文化界的信口开河大而无当十分反感，总觉得我们有一种过于轻视经验研究的倾向。总是喜欢有气势的东西,比如《河觞》《人妖之间》等。中国文化从古至今一直对经验研究不感兴趣，所以科学才不如西方发达。所有的文化人都在追求辞章之美、玄虚而飘逸的意境，或者是一种宏伟的气势。在改革开放之初，很多人都知道我与林春合写的《要大大发扬民主，大大加强法制》等文章，虽然我们当时工作单位的性质（国务院研究室）和全国各大报纸的转载的作用不容忽视，但是当初我们文章大受欢迎很大程度上恐怕是因为那种投合需求的"气势"和辞章之美。而在美国受了六年严格的社会科学训练的我，当时有个强烈的感觉，那就是，只有气势、没有经验材料做基础的东西实在是太多了。简直可以说，除了这种东西，什么都没有（那是在1988年）。

传统中一方面看重气势宏伟的东西，另一方面又看重"有用"（必须是立竿见影、学以致用）的东西。如果一项研究，既不气势宏伟，又"无用"，就没有人愿意去做。我们社会学经验调查所做的这一块就属于特别不受"待见"的。比如关于我国同性恋人群的调查就是这样，它既不是关系到国计民生的大问题，因此不够气势宏伟，又不是马上可以拿来派什么用场的东西，因而不够"有用"。许多社会学研究领域就这样成了空白。在西方任何一所大学的图书馆里，不必说性学这一题目下的图书，就是同性恋这个小分支，就不知道有多少专著，多得我连看都懒得看了。我有心反其道而行，专门做一些这样既不够"宏大"又不够"有用"的研究。我想，某项经验研究是否有用的问题不必过多考虑。有用、无用，用与不用，那是别人的事，不是科学研究本身应当过多考虑的问题。

理论并非完全不重要，但只有经验意义上的理论才重要，只有由经验的命题组成的理论才重要。那种气势宏伟的宏观理论不是已经有许多了吗？不是已经太多了吗？

金西调查有什么气势宏伟的理论？纯粹描述性的东西难道就没有价值？人们可能会觉得枯燥，但是描述动物身体构造、行为习惯的东西枯不枯燥呢？我能不能不受"气势"的诱惑？在美留学时，系里的老师也分两派，一派重理论研究，另一派重经验研究。令人遗憾的是，两派互相认为对方的东西不是"东西"。我们也要像其中一派那样认为经验的东西不是东西吗？

搞描述性的东西很可能会不受人的注意，就像研究昆虫的生活习性不会受到行外人的注意一样。能不能耐得了寂寞呢？能不能做到宁愿默默无闻地去做些经验的研究，也不去哗众取宠呢？

费孝通有一次讲到，社会学要"讲故事（tell stories）"。他说，社会学要研究活的人——会讲话的人，会哭、会笑、有感情的人。他还说，人生社会就是一台戏，他要我们去看这台戏是怎样上演的。这一点对我很有启发。特别是在现有的条件下（交通困难，经费缺乏）。做这种形式的调查也许是唯一可行的。而且，这种方法也许比花费昂贵的抽样调查更富于成果。我认为，研究的题目应当是有趣的，而"讲故事"就是有趣的。当然，如果把这种方法当作唯一正确的研究方法未免片面。它虽然不是唯一正确的,但却有可能是唯一可行的,而且是有趣的研究方法。

浮士德的精神似乎是我们特别缺少的一种精神:"我要探究窥测事物的核心,我想得到关于整个存在的知识。我因此牺牲了我灵魂的幸福,甘愿为一个时间极短的理解永受天罚。"我们的精神常常是不求甚解,知其然而不知其所以然——中医的整个底蕴就是这样的——甚至是"难得糊涂"。

在研究的选题问题上,我大费周章。早年那种纯粹出于对事物和对研究方法的好奇心已经离我远去。记得那是在1979年,我27岁时,我平生第一次接触到社会学——美国匹兹堡大学的霍尔兹纳教授和聂尼瓦萨教授来中国开办了第一个社会学夏季讲习班。我内心充满了求知的冲动,像是发现了一个新大陆。我怀着激动欣喜的心情设计了我平生的第一个问卷,还记得是人们对传统文化的看法。每个问题都是一个陈述句,然后是多重选择:非常同意、比较同意、不太同意、很不同意等等。当时也不懂什么随机抽样,就带着一纸单位介绍信,兴致勃勃地跑到一些位于单位附近的机关和街道去散发问卷。还记得那时的人傻得可爱,有的人不会在多重选择中选一项"同意"或者"不同意",而是空在那里,却在每个问题的陈述句旁认真地批道:"这种观点太极端了。""这种提法是错误的。"我拿着收回来的问卷,为他们对问卷调查的无知和认真感叹不已。

在受了多年的正规教育训练之后,我却面临不知做什么研究题目为好的问题。在归国初期，这个问题就开始缠绕着我。到那时为止，我所做的一切都不能算是一个有自由意志的人自由地做出的选择。

为什么

每当我想到"存在"的问题时，每当这个问题来到我心中时，选题的事情就不再仅仅是一个选题的问题了，它还关系到我是否能做一个自由人。具体地说，我选择某项课题首先应当是因为它是我的存在的需求，而不是为了应付什么人和什么事。我首先需要应付的是我自己的存在，不是吗？

每当我想到存在问题时，一切事都变得不是非做不可的了。既然一切都不会留下痕迹，人为什么还要做任何事呢，特别是当他什么也不做也能生存下去之时？

过去激励着我去做事的动力有三种：第一是虚荣心；第二是理想主义，其中有盲目的热情；第三是为获得过得去的社会地位。现在第一点已经淡泊多了，第二点也丧失了很多魅力，第三点已经得到，那么为什么还要去做事，还有什么事是值得去做的呢？我只知道这个问题的"不是什么"这一半：不是为了生存不得不做的事情，不是自己不喜欢而硬要去做的事情，不是为了应付别人的事情。

那么这个问题的"是"的一半有什么呢？我想到了这样三个原则：第一，它必须是能够引起我的好奇心的题目；第二，它必须是能够为我带来快乐的；第三，它是能够对陷于不幸的人有所帮助的。这就是我后来选择了同性恋问题、虐恋问题作为研究课题的一个基本原因。

回国之后，有时会想想回国的得与失。想来也的确没有太多值得后悔的事。中国毕竟是家乡，而在美国却是流浪在外。做一个客死他乡的流浪客的命运有什么值得羡慕的呢？很多人之所以愿在外面乱闯，是因为他们在这个社会中的失败。如果能在自己的故土过一种成功者的生活，我看远比在外流浪强。

回国后，总有人问我，为什么要回来。有段时间，这个问题引起我的反感，但静下来，想想留在美国可能过的完全是另一种生活，也不由得问自己，这一重大选择的结果如何呢？答案是，我最大的报偿就是悠闲。回国唯一的好处就是可以过悠闲的生活。我是指，经济上毫无压力，学问上也无外界压力，只凭自己的愿望，可以过一种无欲无求的生活。人在无欲时心情最平静。

有一个美国人在中国生活了一段时间后，写了一篇感想，他说，中国人的生活simple but happy（简单而快乐）。我想，他的想法是有道理的。中国等级相差不大，所以人们生活中的压力不太大，人们对欲望比较淡泊，倒显出一副悠然自得享受生活的样子。而在美国，挣钱的压力要大一些。说到底，每个人都拼命去挣那些花不了的钱又有何用?

一位美国著名作家说:"在美国,玄想以及过内心生活很不容易。如果真这么做了,别人会以为你是个怪物。"这就是我不喜欢美国生活方式的地方之一。美国生活方式在我心目中就是,挣一笔钱,然后把它花掉。人人都忙着这一件事,仅仅是这一件事。如果我要玄想,我最好到欧洲去,或者干脆回中国。

一位哲人说,凡是最深远的事物都永远跟生意无关。我最不喜欢和经济有关的一切,无论是有关经济的学问,还是有关经济的实践。我庆幸自己选择了可以衣食无虞的生活方式。在美国,我们要精打细算,在每项消费前都要算计;回到中国后,我们不必再那样精打细算,可以比较地随心所欲。我庆幸的是,挣钱在我的生活中可以变得很不重要,同样值得庆幸的是,花钱在我的生活中也可以变得很不重要。这个不重要有双重含义:第一重是,我不必为了省钱而算计;第二重是,我没有高档消费的压力,可以做到按自己喜欢的标准随心所欲,怎么舒适怎么来。这第二点并不是人人都可做到的,也不是在每个社会都能做到的。在美国,如果你不努力使自己进入比较高档的生活层次,自己心里就会过不去。而在中国,我不必努力,就可以过中等的生活。高档的生活方式对我的诱惑力不够大,压力也不够大。我还是那个想法:一个人消费的欲望再高,他能睡的只能是一个人的床位,吃的只能是一个人的饭量。

"人生而自由,却无所不在枷锁之中。"这是卢梭的名句。社会学的研究对象是社会,人们的不自由就来自社会——在一个人的世界里,人可以自由地思想,自由地想象,随心所欲,为所欲为;可是在社会中与他人打交道,就不可以得到完全的自由。当萨特说"他人即地狱"之时,他心里想的大概就是这个道理。

在我看来,人的不自由至少有两种主要来源,一种来自生存的需要;另一种来自被人内化的社会行为规范。当人要为起码的生存条件而劳作时,他没有自由;当人已经达到了不必为生存而挣扎时,他就得到了一种自由的可能性,可是观念中的枷锁还是束缚着他。只有当他真正决定要摆脱一切束缚他的自由的规范时,他才可以得到真正的自由。

我敬佩那些愿意给自己自由的人。我崇拜已经达到自由境界的人。我心目中这样的人并不多。福柯就是其中之一。有一种最富颠覆性的思想,它从叔本华、尼采开始,到福柯和后现代思想家,他们的思想的核心在我看来就是一种追求人的真正的、彻底的自由的精神。他们的东西总是对我有极大的吸引力。我说不清原因,只是感觉到他们的吸引力。那吸引力的力度之大,使我心神不宁,跃跃欲试。虽然他们的思想有很多差异,也不很直观,但我总能隐隐地从中感受到一种极其自由奔放的精神,正是这种精神在吸引我的灵魂。

比如有这样一种主张:婚姻、私有制、国家、教会是应当被否定的四大制度。这种主张背后所蕴含的巨大自由精神深深地吸引我。本来嘛，人生在世只有几十年的时间，我们为什么要受外力的束缚，使自己不能"尽欢"呢？"人生得意须尽欢""明朝散发弄扁舟"之类的诗句在初读之下就总能拨动我的心弦。

享受人生

在1995年末，我被评为研究员。那年我43岁。在这个俗世上，这是我最后一个世俗的目标。我最强烈的一个感觉是，我从此进入了一个真正自由的世界。正如诗人布拉加所说：

> 再没有一个地平线在召唤我
> 再没有召唤在驱使我

我感到自己进入了一个真正无欲无求的境界。在此之前，一个又一个的地平线渐次出现在我的生命之中，不论我往前走了多远，它们总是不断出现在我的眼前：出国，回国，硕士，博士，博士后，副研究员，研究员。无论我心里对这些世俗的目标持有积极追求还是被动无奈的态度，它们都曾是我的目标。而我心底的感觉是，到这一切都结束时，我的生命才真正开始。我曾怀着激动但怅然若失的心情等待着这一时刻的到来。我曾经幻想，到我真正自由之后，应当做些什么。当然，我只做那些真正值得用我的生命去做的事情。哲人云："任何事物均无望成为非己之他物。"我们所做的一切也只能对自己是有意义的。最终会是这样。由此，我是不是能够知道自己应该做些什么了呢？

我意识到，解放真的来到了。我的心得到了永远的平静。我真的达到了自由的境界，真的达到了无欲无求的境界。虽然评研究员并没有真的重要到如此程度，但它毕竟是我最后一个世俗的目标。以后的目标都是抽象，而不是具体的了。我在43岁时得到解脱还不算太晚。我几乎还有半辈子的时间可以真正地享受人生。

在我获得最终的自由之后，曾快活地想到，今后我可以随心所欲，为所欲为了。我暗自对自己发誓，今后所做的一切事都将仅仅是我愿意去做的。我要做很多很多很有趣的事情，做我一生都在等待、准备去做的事情。我心情很好，心里有很多的冲动，想做很多事情。

我最想做的一件事情就是做一个真正的社会学家，做那些能够引起我兴趣的研究。我愿意把生命用在这些自己感兴趣的事情上面。我希望自己如此度过一生：读有趣的书，写有趣的书，听美的音乐，看美的画，观赏令人心旷神怡的风景，和自己喜欢的人在一起随心所欲地享受生活。

人到无求品自高。这是一句古话，是中国人的生活智慧。我发现自己已到达了无欲无求的境界。这时我想到，人生各种活动的动力可以被大略分为两大类,一类事是不得不做的,另一类是自己愿意做的。我已经摆脱了一切不得不做的事,剩下的就只是我愿意去做的事了。有很长一段时间,我的主要焦虑就是什么事是我真正愿意去做的。我喜欢在狂风暴雨的日子里,舒舒服服坐在沙发上,抱一本书(必须是好看的书),感受人类最美好的灵魂创造出来的智慧和美;我喜欢听音乐;我喜欢看真正的好电影;我还喜欢写一点东西,但必须是有趣的,是真情实感。有时,我还有一点辩论的冲动,那是当我看到有些事过于荒谬时。有时,我还有一点点对未知事物的好奇心,想知道在这个世界上生活的别人是怎么过的、怎么想的——这就是社会学在我心中的地位了。

当太阳在外面凶猛地照射时,当狂风大作,大雨倾盆时,能够躺在家里的沙发上,随手翻看各种书籍,好就看,不好就扔在一边;或坐在计算机前,有感觉就写,找不到感觉就停下来,这种感觉十分惬意,在世界任何地方都不可能找到比这更舒适的生活方式了。

生命意义——无解之谜

一位哲人说:"人必须完全自觉个人在这个无意义的世界中的不合理的存在,才能解脱。"我常常能够深刻感到生命的无意义、不合理。人从来到世上,一路挣扎、追求、修炼,然后就那么离开了。这有什么意义呢？这个问题是无法解决的，没有答案的，或者说这个问题的答案已有，但是没有人愿意接受它。这一答案就是毫无意义。既知答案如此，又要勉强自己生活下去，这是一个不可解决的矛盾。

在生命意义的问题上，荣格和海德格尔有不同的看法。荣格认为，对于正常人来说，有什么必要追寻生命的价值或存在的意义呢？这样的问题只是对于精神分裂、异化的人来说才会发生。而海德格尔却认为应当追问存在本身的意义，"人就是一种领会着存在的在者"。

从很年轻时起，虚无主义对我就一直有很大的吸引力。这种吸引力大到令我胆战心惊的程度，使我不敢轻易地想这些问题。我不敢长时间地看星空。看着看着，我就会想到，在这众多的星星中，地球就是其中的一个；而人在地球上走来走去，就像小蚂蚁在爬来爬去。人的喜怒哀乐、悲欢离合在其中显得毫无价值。人们孜孜以求的一切实际上都是毫无意义的，或者说得更精确些，最终会变得毫无意义——吃饭对于饿的人有意义，睡觉对于困的人有意义，但对于死人来说，它们全无意义。每个人最终都会死，死就是无意义，生因此也无意义。人为什么要在世上匆匆忙忙地奔来跑去呢？有时我会很出世地想（好像在天上俯瞰大地），人们在这个世界上奔忙些什么呢？我仿佛看到，在这小小的地球之上，人海汹汹，日月匆匆，不知人们都在追求些什么。

有一段时间，我的情绪有周期性的起落，差不多每个月都会出现一次"生存意义"的危机。在情绪低落时，就会有万念俱灰的感觉。人怎能永远兴致勃勃呢？一个永远兴致勃勃的人一定是个傻瓜，因为他从没想过他为之忙碌的一切都毫无意义。

普鲁斯特在《追忆似水年华》中说过："我只觉得人生一世，荣辱得失都清淡如水，背时遭劫亦无甚大碍，所谓人生短促，不过是一时幻觉。"

毛姆在《人性的枷锁》中以主角菲利浦的口吻说："人生没有意义，人活着也没什么目的。一个人生出来还是没有出生，活着还是死去，都无关宏旨。生命似轻尘，死去亦徒然。""万事万物犹如过眼烟云，都会逝去，它们留下了什么踪迹呢？世间一切，包括人类本身，就像河中的水滴，它们紧密相连，组成了无名的水流，涌向大海。"他还这样写道："我早已发现，当我最严肃的时候，人们却总要发笑。事实上，当我隔了一段时间重读我自己当初用我全部感情所写下的那些段落时，我自己竟也想笑我自己。这一定是因为真诚的感情本身就有着某种荒谬的东西，不过为什么这样，我也想不出道理来，莫非是因为人本来就只不过是一个无足轻重的行星上的短暂生命，因此对于永恒的头脑来说，一个人一生的痛苦和奋斗只不过是个笑话而已。"

这些文字总是能打动我的心："一个无足轻重的行星上的短暂生命"，"一个笑话"。如果人没有注意到这个残酷的事实，他活得肯定不够清醒，不够明白。人生在"永恒的头脑"看来，就是一场"当局者迷"的荒诞剧。然而，"旁观者清"啊。人们在台上很投入地扮演着悲欢离合的角色，悲壮激烈，他们不愿相信，在"永恒的头脑"看来，那不过是一个笑话而已，他们绝不愿相信。这就是人的愚蠢之处。每个不愿正视这件事的人都是在自欺欺人。

人活一世，都想留痕迹。有人说，人最大的目标是青史留名；有人说，即使不能流芳千古，能够遗臭万年也是好的。说这话的人没有想到，在地球热寂之后，什么痕迹都不会留下。记得在我发表了第一篇文章时，曾在日记中写道："我已经留下了第一个痕迹。"当时的我没有想到，这个痕迹就像沙滩上的脚印，很快就会被海浪抚平。世界上没有一个人能够在宇宙中留痕迹，这是毋庸置疑的。亿万年后，没有人会记得拿破仑是什么人，别人就更不必说了。正如哲人所说："人生的目的是什么？在我看来是不难解答的。人生的目的不过是死亡而已，因为在这世界里生存的一切都是像尘土一样地被时间的气息渐渐吹走……就像在沙漠中脚迹一下子就会被吹没了那样，时间也会抹掉我们存在的痕迹，仿佛我们的脚就从来没有踏过大地似的。"

既然如此，人活着岂不和死没什么区别？是这样的。这就是我对生活最终的看法。当你把这个痛苦的事实当作不得不接受的事实接受之后，你就会真正地冷静下来，内心会真正地平静下来。

你会用一种俯视的、游戏的态度来看人生。

在想透生活的无意义之后，就要"死马当活马医"了。尽管我们知道生活最终没有任何意义，尽管我们知道人死之后最终不会留下任何痕迹，我们还是可以在我们生存于世的这几十年间享受生存的快乐。尽管生命本身是没有意义的，但有些事对生命是有意义的：肉体和精神的痛苦对生命有反面的意义；而肉体与精神的快乐对生命有正面的意义。这就是我心目中舒适与幸福在人的生命中的位置。

有一段时间我开始读"禅"，心中有极大的共鸣。禅揭示了生活的无目的、无意义；它提到要追求活生生的生命、生命的感觉。其实，生命的意义仅在于它自身，与其他一切事和人都毫不相关。参禅时，我想到，过去我常常受到世间虚名浮利的诱惑，其实是没有参透。

然而，我又不愿意在参透之后使生命的感觉变得麻木，而是循着快乐原则，让生命感到舒适（没有病痛，基本生理需要得到满足）和充实（精神和肉体的enjoyment）。它包括对好的音乐、美术、戏剧、文学的享用。更重要的是把自己的生活变成一个艺术品，让自己的生命活在快乐之中，对其他的一切都不必追求和计较。美好的生活应当成为生存的目的，它才是最值得追求的。

福柯说："令我震惊的一个事实是，在我们的社会中，艺术已经变成仅仅与对象而不是同个人或生活有关的东西了。艺术成

既然宇宙是如此浩渺、荒芜,既然人生全无意义,

快感的存在是我们唯一的选择,我愿意选择存在,

尽管它最终还是无法改变存在并无意义这一残酷事实。

我敬佩那些愿意给自己自由的人。

我崇拜已经达到自由境界的人。

当太阳在外面凶猛地照射时,当狂风大作,大雨倾盆时,能够躺在家里的沙发上,随手翻看各种书籍,好就看,不好就扔在一边;或坐在计算机前,有感觉就写,找不到感觉就停下来,这种感觉十分惬意,在世界任何地方都不可能找到比这更舒适的生活方式了。

尽管生命本身是没有意义的,但有些事对生命是有意义的:

肉体和精神的痛苦对生命有反面的意义;

而肉体与精神的快乐对生命有正面的意义。

这就是我心目中舒适与幸福在人的生命中的位置。

了一门专业,他们由艺术家这样的专家做出来。但是,难道每个人的生活不能成为艺术作品吗?为什么一盏灯或一座房子可以成为艺术品,我们的生活却不能成为艺术品呢?"毛姆也曾说过:"我认为,要把我们所生活的这个世界看成不是令人厌恶的,唯一使我们能做到这一点的就是美,而美是人们从一片混沌中创造出来的。例如,人们创作的绘画、谱写的乐章、写出的作品以及他们所过的生活本身。在这一切中,最富有灵感的是美好的生活,这是艺术杰作。"

生命本身虽无意义,但有些事对生命有意义。

生命是多么短暂。我想让自由和美丽把它充满。

生活家与工作哲学

生活家与工作哲学

很喜欢"生活家"这个词。第一次在西湖湖畔看到这三个大字赫然镌刻在一块西湖石上，心弦被轻轻拨动。因为生命中已有一段时间，这三个字总是在心中若隐若现，逐渐成形。一旦看到它竟然被公然提出，就有了画龙点睛之感，隐隐还有一种天机被泄露的感觉。

"生活家"这个词，第一眼看去，会令人产生罪恶感。因为我们从小所受的教育、所养成的价值观，一向只有工作哲学，工作是人生第一要务，生命不息，工作不止，稍稍闲下来，犯一会儿愣，罪恶感就会油然而生，好像生命被浪费了，被虚度了。现在，有人不但把"生活"作为一种正面的人生价值提出，而且要成为"生活家"，这是对我们的工作哲学的公然挑战。然而，这种工作哲学，这种使用时间和生命的节奏，其实是大可质疑的。

将工作视为人生最重要的价值，至少是一种本末倒置，倒因为果。人生在世，最重要的是过一种舒适、宁静、沉思的生活，如果短短的几十年能够达到这样的境界，那就不虚此生。在人生这说长不长、说短不短的旅途中，越早到达这个境界，就越早拥有人生的真谛。而工作应当是达到这个境界的手段。我们的工作哲学把手段当成了目的，不是本末倒置又是什么？

所有超过生存需要的劳作，都是这种错误哲学的后果。听说，在希腊，曾经发生过一场当地居民与中国移民的冲突。原因是中国人的店铺在午休时间都不关门，而希腊人的生活非常懒散，中午会有长长的午休时间。由于中国人不休息，一直工作，就把当地人的生意全抢走了，逼得当地人也不得不加入竞争，不能再过懒散的生活，于是引起他们的不满。虽然希腊陷入债务危机，懒散的生活方式也许难辞其咎，但是希腊人的生活节奏和生活方式对我们的工作哲学不能说不是一种挑战。退一万步说，一旦可以满足生存的基本需求，超出部分的额外工作是否必要？这是希腊这个古老民族用它的社会习俗和生存哲学向我们的工作哲学提出的一个问题。

就像那个脍炙人口的渔夫的故事：一位渔夫在海边钓鱼，钓了几条就收了杆准备回家。一位路过的富人对他说："你为什么不多钓一些鱼？"渔夫反问："钓来做什么？"富人说："可以把多出来的鱼卖掉，买一条船。"渔夫问："买船做什么？"富人说："可以钓更多的鱼去卖。"渔夫问："钓更多的鱼去卖做什么？"富人说："那你就会很有钱。"渔夫又问："很有钱能做什么？"富人说："那你就可以到处旅游，悠闲地躺在海边晒太阳。"渔夫说："我现在不就已经悠闲地在海边晒太阳了吗？"我总爱引用这则寓言，原因就是它提出了一个重大的人生哲理：我们应当过什么样的生活。

工作挣钱是目的，还是快乐平静的生活本身才是目的？

　　上述哲理有一个例外，那就是创造性的工作。就像王小波，他有一种冲动，要用小说来浇心中块垒；就像冯唐，他一天恨不得要工作二十四个小时，可是一有空闲，他就不由自主地要写，据他说，想停也停不下来。这样的人成不了生活家，但是他们的创造并非一般意义上的"工作"，那是发自内心的一种创作冲动。有天才的人的生活是被他们的天才挟持的生活，由于他们的天才力量太强大，他们的创造冲动太强有力，他们成了自己才能的奴隶，必须为之鞠躬尽瘁，死而后已。而对于我们这些凡夫俗子来说，最佳的人生境界也许不是别的，而是成为一个快乐的生活家。

家庭与工作

今天读完法拉奇的《给一个未出生孩子的信》，一本超凡脱俗的书。我很喜欢。书中谈到了自由、平等和进步等问题，几个童话是关于暴力所造成的不公正、制度所造成的不公正，以及进步和改变的艰难。你抱着希望，以为世界会变得更好，可是它还是令人绝望地保持原样，什么都没有改变。法拉奇一生致力于自由和平等，以一己之力挑战世界上所有的不公正，但是看来她的结论很悲观。

其中关于家庭和工作的看法我很欣赏。

关于家庭，她说："我对家庭没有信心。家庭是一种建造来为了更好控制人的窠臼，是一个更好地让他们对法则和传统产生顺从的地方，不管这窠臼由谁来建造，情况都是一样。当我们独自相处时，我们更容易反叛；与别人生活在一起时，我们更容易委屈自己。家庭除了是那种让你去服从的制度的代理人外，它什么也不是。它的神圣和尊严实际上是不存在的。一切存在着的人们都是一群被迫以同样的名义生活在同一个屋顶下的，常常相互仇视相互憎恨的男人、女人和孩子。"（《给一个未出生孩子的信》第60页）

中国人一看这话，马上就会被唤起中庸的本能：没有这么绝对吧，家庭没有这么坏吧？但是我喜欢她这个犀利无比的思想。家庭不管有多少功能，它就是一个习俗而已，而习俗就是个人自由的最大敌人。与习俗相比，我更珍视个人自由。

关于工作，她说："为了钱，你就必须工作。为了工作，你就必须屈服。他们会告诉你许多关于工作之必要的故事和传说，告诉你许多关于工作之欢乐、工作之高贵的所谓真理。但是你永远也不要相信。因为这些正是被人别有用心地炮制出来为那些统治这个世界的人服务的谎言。工作是敲诈，是勒索，甚至在你喜欢它的时候，也是如此。因为你总是在为某人工作，但就是没有为你自己。你总是在努力工作，但从来就没有什么欢乐可言。事实上，不存在那样的时刻，哪怕是一瞬间，你觉得你应该喜欢它。"（《给一个未出生孩子的信》第62页）

这也是和我们受到的所有教育相反的思想。从小我们就被要求努力工作，热爱工作，这辈子不知道除此之外还有什么事情可做。但是工作真的是快乐的吗？

我是一个自相矛盾的人。一方面，我把生命看得很透彻，它是没有意义的；另一方面，我又非常地入世，非常勤奋地做我那份工作，几乎达到工作狂的程度。我为什么这么分裂呢？我想，我是一个清醒的人，又是一个懵懵懂懂的人。因为我清醒，我把生和死看得透透的；因为我懵懂，又靠着惯性做着一切该做的事。

法拉奇让我清醒，让我认真考虑"应当用自己短暂的生命做点什么"这个所有问题中最重大、最根本的大问题。

由于年龄越来越大，心劲越来越差，人也变得越来越清醒。靠惯性的滑行已经越来越没有速度，正在慢慢变缓，几乎要完全停下来了。尼采就是太清醒了,什么都看得太清楚了,最后发了疯。他看到了人生的真相,就承受不住了。而我觉得自己内心比他强大，既看到了真相，还能往下活，还能保持心理健康，有时甚至心情还不坏。我有时候想想还真纳闷儿，不知道自己心理怎么还能这么健康。记得有位心理学家说过，天天想生命意义的人精神没法正常。可我居然正常。我真是太佩服自己啦。我觉得自己的内心太强大啦。

工作是手段，不是目的

一天和四梅聊天，说到中国人对工作生涯的眷恋：都不愿意早退休，即使退下来也还要拼命争取返聘。她说到她的一位美国同事，在她跟她聊到"到岁数要不要退休"的问题时，那美国人很不理解这怎么会成为一个问题。她解释说，就是要不要再争取多工作几年。那美国人大感不解地说："世界上有这样的人吗？"

我们当然知道，在中国，有这样想法的大有人在。有意思的是，这些不想退休的人并不一定是为了享受权力（很多并不是官员），也并不一定是为了挣钱（退了，工资也少不了多少），而是因为精神的需求，愿意生活有点内容，或者逃避年老的感觉。

我觉得这里有两个问题：

一个是生活内容的贫乏。对于某些人来说，工作就是他的全部生活内容，他的生活中没有其他的需求，也没有其他的内容，所以才会有"退休综合征"出现，一旦不工作了，就无聊，烦闷，无所适从。

另一个问题是缺乏享受人生的观念。我们的工作道德已经把人们塑造成工作机器，一旦不工作，就像机器停转，人生就止步了。我们的工作道德已经把工作变成了目的，而不是生活的手段。其实,除了少数艺术家和学者,对于大多数人来说,工作应当被定位为人生的手段,而不是目的,目的应当是享受人生。退休生活正好是告别手段,达到目的,开始真正享受人生的时候,世界上比较正常的人大都会这样想,所以那位美国佬才会对有人竟然有"再工作几年"的想法大感不解。

  我很快面临退休,而我并不是一个对自己的研究领域能有至死不渝的爱好的学者,所以我的选择应当是从2012年开始真正地享受人生。顺便说一句,我是不大相信2012是世界末日的,四梅有点信。

灵魂在别处

活到了58岁,突然想明白一件事:这些年间上班呀、开会呀、接受采访呀、给别人颁奖呀、自己去领奖呀,那全都是我的躯壳,不是我本人,整个一个行尸走肉,灵魂在别处。

一种熟悉的感觉:在发言之前,心脏开始狂跳,担心的是什么呢?怕说不好?希望听的人印象深?虚荣心?同样的感觉出现在要和一把大牌的时候,已经听了好几圈了,就等这一张砍单儿牌,心也是这么跳的。其实又不是什么决定命运的事,又不真在乎那几块钱。无论是32块、64块,都不会要了我的命吧,可心就是狂跳。也许它纯粹是因为期待小概率事件的突然出现在跳。

除了这两种情况,我在所有的场合出现,做所有的事的时候,大约都是行尸走肉,灵魂在别处。

我已经到达了宠辱不惊的境界。这些年,在杂志上登照片,上封面,网上点击量上两千万(那是新浪。腾讯跟我说早就三千万了,我说"怎么可能",他们说,"架不住我们天天推荐呀"),我都没什么感觉。那天,"领导上"(王小波《红拂夜奔》用语)很严重地把我叫到小会议室谈话,我也没有什么感觉。

同事神秘兮兮地问我:"看见领导上那儿写报告呢,大标题是关于你的问题的报告，出什么事儿啦？"我说："我这儿也纳闷儿呢。"要说是有人写告状信吧，那不是每天每月常有的事嘛，那天"领导上"还拿着一封带着批示的告状信给我看呢，一笔破字，前言不搭后语，根本不忍卒读，左不过是些"社会责任心"哪、"社会伦理""社会道德"之类的。可既然是"领导上"举着，我也不得不假装看了两眼。听说上"领导上"那里告状的电话也快打爆了，弄得他们不胜其烦，先是想在读者告状信上写个批示对我警示一下，后来也不了了之了。这次怎么了？

一正式开会，平常亲亲热热的人也不得不板起脸来，就像戴上了副面具。因为不习惯，因为还没完全学会打官腔，毕竟是知识分子嘛，不是纯粹的行政干部，所以说起话来显得有点不尴不尬。再者，这不是1957年了，整个话语环境变了，训斥不合时宜了，该用什么语气、姿态、腔调讲话，"领导上"还真有点儿拿捏不准，所以就使得整场谈话带上了一种犹犹豫豫的气氛。

整个谈话的基调无非"研究无禁区，宣传有纪律"。这是一个比较理直气壮、耳熟能详的说法。我一听，要犯牛脾气，研究，没错儿，我是搞研究的，可宣传从何说起呀？我又不是搞宣传的，我只是发布研究结果，所说的话都是我自己的研究心得、我的观点。我是在替"领导上"宣传吗？不是呀。所以"宣传有纪律"这句话跟我无关呀，文不对题呀。纳着纳着闷儿，谈话结束了。

后来我私下里问"领导上"："到底这次是什么来头呀？"他

是个憨厚人，骗人的话不会说，详情又不便透露，只能一叠声地说："反正是上头来的，不是普通老百姓。"后来我从其他渠道倒是听到了一个版本：某位主管意识形态的领导人说，你们该管管这个人的嘴了。于是就有了前述的一幕。但是毕竟不是"清风不识字，何必乱翻书"的年代了，而这人也不是皇上，所以没有弄到文字狱的程度，只是警示一下写个报告也就了结了。我觉得现在咱们的基层行政干部也不像原来了，也不很较真儿，要不然不会给我这么容易过关的。

其实我说什么了，几乎什么也没说。说过一句单身人的"一夜情"是有权利的，不必像1997年刑法流氓罪取消之前那样被抓去坐牢；说过"换偶"的人是有权利的，不必像1997年流氓罪取消之前那样被枪毙；还介绍过同性恋、虐恋、多边恋的情况，仅此而已。如果我真说了什么，恐怕早就判11年徒刑了，我这不是还没说什么嘛。

其实我这人有点儿胆小，有点儿自私，有点儿贪图安逸，有点儿虚无主义。我有一个坚定的信念：人生是无意义的。一切最终都会灰飞烟灭，了无痕迹。所以我做什么事都不怎么较真儿。我只要碰到墙上就一定会回头，回到自己的安乐窝去。我没有献身的激情。我还达不到我那个好朋友的境界。记得那年她跟我说，她总想为什么事情献身，可是一直找不到值得她献身的事情。她的母亲是新中国成立前的一位地下工作者，曾经被捕，受过酷刑。

我一见到她母亲，就肃然起敬，就想到她的理想主义和献身精神，自愧弗如。朋友的献身激情肯定有遗传的成分。我不成。要是新中国成立前，我敢不敢参加革命？我想，即使参加，也最多是跟大部队，不敢做地下工作，神经受不了，献身献到受酷刑的程度也不一定能坚持住。万一做了叛徒，那可是害人又害己，还不如一开始就别参加。

有人说，要想在最短时间内了解一个陌生文化，就应当看小说。我想把我这里写的当作第一人称的小说。人们可以从中了解我们所处的环境、我们真实的经历、我们微妙的心理活动。写到这儿，已经犯了写小说的大忌讳：导演跑前台说戏来了。就此打住吧。

敏感和麻木

看了一个电影,是安吉丽亚·朱莉演的。一个电视女主持人碰到一个预言家,预言家对她说,她将在下星期四死去。她的生活一下被打乱了。她希望这是一个胡言乱语的人,可是他对其他事(球赛结果、天气、地震)的预言一一应验,于是她开始认真考虑下星期四就死这件事。人都会有自己的小烦恼、小计划,但是如果生命还剩最后几天,事情就会变得很不同。影片最后有一个点题之语:我们应当把生命中的每一天当作最后一天来过。问题是,如果人知道几天后会死,他会怎样活这几天?

记得以前也听过这样一个故事:上帝给一个已死的人放三天假,让她回世上再活三天。她早上起来感觉就和一般人很不同,觉得阳光格外明媚,花格外香,人们格外可爱。她心里非常紧张、激动,对每件事的感触都很强烈。在这三天中,她对生命的感觉肯定比一般人的强烈得多,她生命的"浓度"也会比一般人要高得多。

我觉得,这里的问题是对生命的敏感和麻木。大多数人在两万多天的生命中如果已经活了一万多天,他早就麻木不仁了,哪里还有什么敏感可言?所谓把生命的每一天当作最后一天来过，就是想保持对生命的敏感，可是这又谈何容易？我希望自己能保持对生命敏感和刺激的感觉，使自己的生活成为一件美好的艺术品。

做事还是纯玩

终于到了没有什么工作需要做的时候，此时跃上心头的竟然仍是那个困扰我多年的问题：是做事呢还是纯玩？To be or not to be？

生命即将步入晚年，从身体到精神都渐趋平静，不再亢奋，不再充满幻想和憧憬。应当用我的生命做什么呢？虽然心有不甘，但是内心有一种怠惰，呼唤我去纯粹地享受人生，享受有生之年。本来人死去就是灰飞烟灭、了无痕迹的，为什么不放弃虚妄的追求呢？我要看各种好书、好电影，听音乐，看话剧，看风景，到处旅游，和朋友们聊个痛快。

去学画画？兴趣倒是有一点，可是又怕太艰难，人家都是童子功，到60岁再开始学是不是太晚了？去写小说？又有点不耐烦，还不如去看别人写的小说。不如像林春那样去设计乌托邦的社会，如果有可能，就实际去推动它，让它成为现实。

还是有一个最终的事实，是我心中的最痛，我总是不敢去想那个事实，它是我心中一块坚硬的巨石，我不敢去碰，也无法最终把它从我心中驱除，那就是生存的荒谬。我从一个小小的胚胎长成了一个人，我在地球上生活几十年，然后永远地消失不见，而地球继续载着几十亿和我一样的人，寂寞地在宇宙中漫游，直到热寂。所有的奋斗，所有的成功，所有的喜怒哀乐，所有的悲欢离合，全部归于寂寥，像什么都没有发生过一样。一想到无数星球寂寞游荡在宇宙中的景象，心中就一片冰凉。可是，无论我心中一片冰凉还是心中一片火热，与那个宇宙的景象完全无关，对它没有丝毫的影响，甚至有没有我这颗心、有没有我这个人，对于它来说，完全无关痛痒。什么都没有。什么都没有啊。

　　我现在的精神境界完全可以出家了。我不会在现实中出家，但是我可以在精神上出家。

空旷

我的心中一片空旷。

每天早晨,我在海滩上散步,闻着微带腥味的空气,海风拂面。低低的灰色雨云在空中走得很快,这是在城市中绝对看不到的景象。我望着无边无际的大海,远处的海天相接处那条分界线被晨雾弄得时隐时现。我的心中一片空旷。

每天下午,我泡在温暖的海水中,舒舒服服地枕在那个巨大的游泳圈上,望着天上的云和无边的海。我的心中一片空旷。

有时,我尝试想象宇宙的情景。在无边无际的宇宙(有一种理论说,宇宙是有边的,真是匪夷所思)中,无数的星球在虚空中游荡。其中一些星球上是有生命的,就像地球一样。这些生命有的活得时间很短,比如蜉蝣,早上出生,晚上就已死去;有的活得时间较长,比如人,一般能活八十多年,也就是三万天上下。在我死后,在从古至今数以亿计的人相继死去之后,地球照样不紧不慢地自转、公转,好像这些人并没有存在过一样。从宇宙的范围来看,一个人的存在与逝去,甚至地球这个星体的存在与逝去都毫无意义,也就是说,没有一点儿重要性。想到这里,我的心中像宇宙一样空旷。

在我凝思时，生和死的界限模糊起来。人死之后，和这天空、海洋融为一体。我的血和肉跟骨头分离开来，化为细胞，消散在泥土中、空气中和这无边无际的海洋中。对，海洋。就在此时此刻，我萌生了将来要海葬的念头。我的身体先在火中化为灰烬，然后被抛洒在空中，最后飘落无边无际的大海。我回到了我来的地方。

既然一切将归于沉寂，为什么还要去做任何事情？还有什么事情是值得一做的？我常常这样反躬自问。没有答案，只是感到心中一片空旷。

如果说有一个答案，那就是，没有一件事是值得一做的。这是一个人们不愿意直面的答案，惨烈而悲壮。

既然如此，人们为什么还在做事呢？

人们做事的原因有两类，一类是不得不做的，另一类是作为享受喜欢去做的。前者是所有谋生类的事情，为了满足起码的生活必需，为了维持生存不得不去做的事情；后者是自己喜欢去做的事情，能从中获得愉悦感的事情。后者才是相对来说值得一做的事情。

从60岁开始，我才彻底脱离了为生存不得不去做的事情，从今以后，我的生命和时间将全部投入纯粹是自己喜欢做的事情中去。这些事情中包括读书，看电影，听音乐，做电脑游戏，写小说，写随笔，写博客，写微博，偶尔去旅游，偶尔打打麻将。

与此同时，我会继续常常想着宇宙和我的生存，演练死亡。

我想把每晚睡去想象为死亡，因为它有一段时间是全无知觉的，确实跟死亡很相像；把每天早上醒来想象为出生，因为这样才能使我的生命中新的一天过得有新奇感、兴奋感。我的每一天都应当以梭罗那篇日记的态度来度过，他在瓦尔登湖畔19世纪某天的日记中郑重其事地写道："我现在开始过某年某月某日这一天。经过这样的演练，我希望在死亡到来的时候我的心情会无比平静，因为我已经无数次地演练过死亡。"

硬核

今天赋闲,没事干。我总是在最终的问题上想不进去,它就像一个硬核,啃也啃不动,嚼也嚼不烂,堵在心里,没有办法。

这个问题就是宇宙。只要一想宇宙的无边无际,心里就一片冰凉。我还能快乐地活十年?二十年?三十年?甚至四十年?——要是那样,我就是96岁了。然后怎么办?永远地从这里消失。即使我能留下一点儿什么,最终还是会消失不见。无边的死寂,什么也没有,什么也没有啊。人类对于自己的处境一定要有幽默感,不然怎么活?一切皆空,这就是最真实、最残酷的现实。人只能硬着头皮来面对这个残酷的现实。

记一个想法:

看到一幅叫作《星期天的早晨》的画,画了美国小镇上的一排房子,空无一人。画的说明中说:"作品揭示了美国都市生活的本质——寂寞、丑陋、平庸、冷漠……"这幅画、这几个词,精确地概括了美国的生活。我们生活的世界与此有些不同。最主要的区别是,每个人都胶着在某种人际关系中,胶着在亲情中。有些情绪还相当热烈。这就是不同。有时想,像我们这样可能比较好,生活比较不那么沉重，大家吵吵嚷嚷、热热闹闹地生活着，一时忘记了自己作为一个人在这个宇宙中的真实处境，就连死的时候也不明不白，糊里糊涂，比清醒地面对死亡容易得多。

遥想宇宙

我爱遥想宇宙。我想的时候,心中渐渐被恐慌充满。我希望自己不要老想这件事。从一天想起几次到几天才想一次,又到一个月也不想一次,再到一年也不想一次,最后达到永远不想的境界。将来就那么糊里糊涂地去死有什么不可以呢?何况想也想不出个结果。如果真能想明白,如果这事真有一个标准答案,想想未尝不可,可是我已经从十来岁一直想到退休的年纪,还是没想明白,这种折磨到什么时候是个头啊?

每当我把这件事往深里想,就开始变得战战兢兢,好像一个手握探雷器正在探雷的工兵,一不小心就可能粉身碎骨,至少也得缺只胳膊断条腿。

一个黑漆漆的空间,硕大无朋的天体在黑暗中游荡。天体彼此都相距很远,有的距离不是以万亿公里计,而是以光年计。这其中的一个星球,就是我短暂的栖息之地。我在其中存活的时间满打满算也就几十年。即使我活到了一百岁,在宇宙中也不过是短短的一瞬。当我逝去之后,一切都像没有发生过一样,所有的喜怒哀乐都不激起一丝涟漪。从本质上说,我和一块石头没有区别,都是宇宙的尘埃。

我有答案了吗？可以说有了：安静地度过这段时光、这个生命，从无到有，再从有到无。最重要的是安于所拥有的，并不去费力追求什么。凡是能带来痛苦的事情都不去做。只是随手采撷一些生存所需之物，优哉游哉度过此生。因为没有任何事情值得付出让自己感觉痛苦的代价；没有任何事情值得焦虑，值得追求。

小时候，我们有着蓬勃的生命力，它推动我们去努力做各种事情。但是到年纪大了，我们才终于弄明白人生的真谛，那就是，诗意地栖居——短暂而充满诗意地栖居，然后悄悄地走掉，在浩瀚的宇宙中消散，消失得无影无踪，就像从来没有存在过一样。没有一个人能摆脱这种命运，包括那些最伟大的人。

徒长一岁，何乐之有

今天是我的生日（2007年，55岁），在此感谢所有熟悉和陌生的朋友给我的生日祝福。

记得年轻时看过一个日本的老电影（好像是《生死恋》），里面有一句台词："徒长一岁，何乐之有？"小波和我后来常常拿这句话打趣，觉得说得很妙。

小时候，每年过生日总免不了感慨万千，随着年龄渐长，变得越来越麻木。但是，比起平常的日子，在这一天还是会比较多地想想人生、活着的意义之类的事情。何况我是一个特别爱想这件事的人。我羡慕有些人能一辈子不大想这件事，就那么高高兴兴地走完一生。我不行，这件事总会时不时来到心头。

我也为自己的这个嗜好暗暗感到庆幸——正因为我爱想这个，才能在生活中的灾难降临时很快走出来，不会得抑郁症。我常常替那些抑郁的人着急，他们为什么不会像我这样想想人生呢——一些小蚂蚁在一个硕大的星球上爬来爬去，然后就彻底消失不见了。这么想一下，从此生的状态摆脱出来，鸟瞰一下，还有什么可抑郁的呢？

我的生活因此常常是快乐的、开朗的、平静的。想起几十年后，虽然有点凉凉的感觉,但也并不是那么可怕的。

今天,我离那个终点又靠近了一步,我无法停住脚步(浮士德:"生活是多么美好,请你停下来"),我只能继续一分钟一分钟、一小时一小时、一天一天、一年一年地走下去,直至终点。我只是希望,生活的每一天都是快乐的,甚至是兴高采烈的,虽然快乐和兴高采烈也没有什么意义。

寻求快乐

病中，几乎躺了一天，下午四点才爬起来写点东西。

从小养成的珍惜时间、节约时间的习惯很难改变。只要是醒着，不做事就会有负罪感，好像生命不是我的，不能随意挥洒，好像背后有个监工，不让我犯一会儿愣、出一会儿神。多少次，我下决心去纯粹地享受生活，不做事了，可是最终让心里的负罪感占了上风，还是强迫症似的去做事了。为什么就不能随心所欲地挥洒自己的生命呢？

我想，最让我害怕的还是像那些两眼发直、混吃等死的人一样，觉得他们的生活质量等于零，甚至是负数。就像那位一直花很多精力伺候两家老人的女同事所说的，人到老了，就剩屎和尿了，什么也没有。拉屎撒尿就是他们全部的生活内容，最糟的是，就连这唯一的一件事还要人帮助，还要拖累别人。人活到这个份儿上，真是生不如死啊。其实我更怕的是将自己混同于身体还健康、神志还清醒但却每天百无聊赖只能靠打打牌、遛遛弯了却残生的人。

其实，混同于他们和不混同于他们最终没有什么不同，我的意思是，在地球热寂之后。但是对于我自己来说，当然还是有不同的。不同的是：

其一，我可以享受到更大的快乐，比如从一个精心拍摄的有才气的电影中，当我体会到其中的美妙之处时，我会得到比打牌更多的快乐，这样，我的精神生活就会比较充盈，生活质量就会高一些。

其二，我可以享受自己创造出一个作品的快乐，比如写了一篇自己还算满意的杂文，在写作过程中、在写完后一遍遍的把玩中所得到的快乐。

其三，我还可以享受到自己的思想影响了他人的快乐。每当我看到我的博客有几千人、几万人、几十万人（例如小说《等待爱情》和随笔《论中国人的处女情结》都有五六十万人读过）在看时，想到他们的共鸣，心里也是快乐的。如果能因此使社会人心变得更美好，哪怕只是一星半点，也是快乐的。

让生命在无尽的欢乐中耗尽

最近有太多的不愉快。忽然想起很小的时候妈妈给我讲释迦牟尼的情景。她说,释迦牟尼在看到生老病死这四种人生状态之后,在一棵菩提树下苦思、顿悟,形成了他的学说。道理虽然简单,但是确实使人一听之下便难以忘怀。

现在,小波死了,妈妈死了,爸爸也死了;身边有几个亲人病了,癌症;姐姐老了,哥哥刚刚过了60岁生日,我也在渐渐老去。如小波所言,一切都在无可挽回地逝去。顿悟之后,难道人只有痛苦和失望?

我常常想,一个人的生命除了与周边几个熟识的人有关之外,其实几乎与所有的人都无关。别人既不爱你,也不恨你,只是与你完全无关而已。他们看你就像看一根草、一块石头、一只小鸟、一只骆驼或一道风景;你看他们也如是。因此,生命只是你自己的生命,生活只是你自己的生活。你愿过什么样的生活,只能自己决定,自己选择,别人既无责任,也不关心。

我应当如何选择呢?我不愿意过不愉快的生活,我愿意让我生活的每一天都是节日,我愿意让生命在无尽的欢乐中耗尽。

生命是多么短暂。

我想让自由和美丽把它充满。

人生在世，最重要的是过一种舒适、宁静、沉思的生活，如果短短的几十年能够达到这样的境界，那就不虚此生。

在人生这说长不长、说短不短的旅途中，越早到达这个境界，就越早拥有人生的真谛。而工作应当是达到这个境界的手段。

能生而为人本身就是一个太多偶然因素构成的奇迹,从这个意义上说,每个人都是宇宙的幸运儿。

我们太应珍惜这几乎是不可能的奇迹,珍爱生命,善待生命。

它的存在应是狂欢,应是快乐,应是难以压抑的歌唱。

要常常想死的事,要把这件事想透,

想到真正不再惧怕死亡的程度,

想到能够坦然面对的程度,

这是生存美学的一项重要内容。

生命哲学家

我的侄子得了抑郁症。他是我哥哥的儿子。虽然我们交往很少，但是他毕竟是我的侄子，我心里为他着急，也为哥哥着急。因为侄子一直出类拔萃，考试总是名列前茅。中学要保送他上清华，他嫌专业不够好，愣是自己去考了另一个专业。这么优秀的一个孩子，眼看着前途黯淡，痛不欲生，我看着能不难受吗？

我这个人什么都能想得开，所以对想不开的人就有三分惊讶、三分迷惑、三分担忧，外加一分着急。人生不就是像个地球仪上的小蚂蚁一样，昏头昏脑地爬上那么一段时间就死掉了吗，有什么想不开的呢？有什么东西是值得人想不开的呢？我倒想找到这么一个东西……所以我对他的抑郁真是百思不得其解。

我退休了，整天无所事事，总是在做事和纯玩之间犹豫不决。每当我打开电脑，准备写点什么，里尔克那句刻薄的话就在耳边响起："不写你会死吗？"我扪心自问：不写我会死吗？我只能悻悻地承认：我不会死。那我为什么要写呢？我不够资格写呀。

于是我又打开新一轮的电脑麻将，百无聊赖地跟曾志伟、吴君如打麻将。一开始，我只要一愣神，曾志伟就用他那沙哑的嗓音催我快出牌，还有一个男的不断地说："又没有打多大，想什么想呀?"于是我就有点不好意思了,赶紧打。后来,我就疲沓了,有时候把他们扔下去做别的事,他们几个就一直在那里说风凉话,催我出牌。我充耳不闻。本来这不是我的性格,我属于那种特别腼腆的人,听不得别人说一句埋怨的话,别人一说我什么做得不对,我就紧张得不行,要马上改进,现在我的脸皮变得比城墙还厚啦。

看来人有没有资格写小说是命中注定的,如果你的一生命运多舛、跌宕起伏,那你心里必然波涛汹涌、山呼海啸,那你就该着写;如果你的一生风平浪静、顺顺利利,就不该着你写。中国也有古话云"文章憎命达",同样的道理。谁让我属于后者,该着我虚度光阴,以纯玩度过余生。

有一个发小儿,现在跟我是邻居,她在外企工作,比我早几年退休。最近她见到我,劈面就说:"你博客写得不错。过去我心里还对自己这么早退休有点不安,有点嘀咕,看到你写的星球呀,生命无意义呀,我心安了。"她的话启发了我,其实我最适合的是去做一个生命哲学家。因为别人一辈子都不想的事(生命意义呀、地球热寂呀),我隔三岔五地就要想。别人对自己的一生不到临死不会去回顾,我一天能从头到尾回顾好多回。生命哲学家舍我其谁呀?

只可惜,我这个自命的生命哲学家是个十足的胆小鬼,是个被吓破胆的人。我最不敢去想的就是许多硕大无朋的星球在宇宙中默默地游荡的场面。一个人从生到死就是在其中一个星球上渺小短暂地存在一段时间而已，无论你是一个巨富还是一个穷光蛋；无论你是一个名列青史的大人物还是一个默默无闻的小角色；无论你做了很多事还是什么也没做。

这件事真的不能想。依稀记得一位伟大的心理学家说过，如果经常想这件事，人一定会疯掉。我隔三岔五地想，有时一天想好几遍，居然到现在还没有疯掉，真是一个奇迹。我的神经是铁打的吧。我自己对自己的神经的坚韧度都感到惊讶。也许这恰恰揭示了我有做生命哲学家的潜在资质。我常常想这些不敢深想的事情，慢慢练就了一副金刚不坏之身，尤其是一副金刚不坏的神经。于是我得到了自由。我可以自由自在地享受现世的生活，自由自在地挥霍我的时间、精力和生命，直到终老。

读书与写作

生命的狂欢

生命是一个奇迹,在热力学第二定律中,它是一个减熵的现象。能生而为人,本身就是一个太多偶然因素构成的奇迹,从这个意义上说,每个人都是宇宙的幸运儿。我们太应珍惜这几乎是不可能的奇迹,珍爱生命,善待生命。它的存在应是狂欢,应是快乐,应是难以压抑的歌唱。

我所喜爱的哲人、古罗马皇帝奥勒留说,要尽量少做事,只做必须做的事。福克纳也说,有很多的工作要做是可耻的。那位隐居山林的美国人梭罗也是这样身体力行的,因此他才有大量的闲暇与大自然在一起。我想,他们这样说的原因在于,工作只是手段,而享受人生才是目的。如果你需要花费大量的时间(生命)去谋生,只能证明你人生的失败、你生活质量的低下,你没有时间去享受生命的美好和宁静。我要让我做的事情都不是工作意义上的事,而是自己生命的需要,它的性质就像吃饭、睡觉、听音乐和表达内心的思绪。

奥勒留的书《沉思录》是我最喜欢的书之一,是对生命彻底的思索,真诚、勇敢,能够直面惨淡的人生。

生命的愉悦

在这个季节,坐在屋子里的电脑前,一股秋风带着久违的凉意吹拂全身,我感觉到生命的愉悦。

我的生命像一条静静的小溪,汨汨地流淌,没有烦恼,没有忧愁,没有任何精神和肉体的打扰。我好像由人变成了物,对周边的一切既毫无感觉,又无比敏感。毫无感觉的是人世的纷争,身心的疲惫和焦虑,对名、对利、对世人孜孜以求的一切;无比敏感的是和煦的微风,居所近旁小湖水面的涟漪,小鸟欢快的鸣唱,蓝天和白云。

使我愉快的是阅读黑塞的《玻璃球游戏》。读这本书一开始并没有特别的好感,以前也没有看过他的书,虽然他是诺贝尔文学奖得主,但不知怎么我一直没读过他的书。越读到后来,越受吸引,因为这本书讲的是人类的智力游戏,他对人类的各种精神活动有自己独特的看法,一种非常独特的概括。

还没读完,谜底还没有揭破,读这本书竟然像是看一部悬疑片,那个高深莫测的谜底一直诱惑着你往下看。我刻意不去翻书的结尾,从而能够享受谜底慢慢揭晓所带来的快乐。

我感谢黑塞,我感谢这样的书,他们就像和煦的微风,使我感觉到生命的愉悦。

谜底终于揭晓了。玻璃球游戏原来是指人类最高级、最精致的精神游戏，具体一点说，是科学加美加静修，三位一体。

在书中某处，有这样诗意的语言：让"眼睛映满了星空，耳朵装满了音乐"，这就是人类精神生活最美好的境界。

全书写的是精神世界与世俗世界的对立。精神世界里的人生活平静、美好，但是他们是靠世俗世界的人供养的，一旦发生战争、饥荒，精神世界的生存就难以为继。世俗之人有种种世俗的痛苦，婚姻、家庭、生计乃至生老病死，无一不需要应对的力量，完全没有精神生活的世俗生活也是痛苦的、无奈的，形同行尸走肉。

难怪会得诺贝尔奖，它涉及了人生的重大问题。

要不要弄文学

一方面,阿猫阿狗都在弄文学,另一方面,想想做这事的许多人又非常辛苦。如果做的过程不能成为真正的享受就不做。我从小的许多阅读、我的鉴赏能力,都使我有些跃跃欲试。知道什么是好、什么是坏是做这件事的基础。我已经有了这个基础,要不要在上面盖房子呢?时光荒废有点可惜(其实我知道也并不是那么可惜)。我相信纳博科夫所说的,世界上的文学流派只有一个,就是"天才派"。他说,许多文学,包括陀思妥耶夫斯基,都等于零。我想,主要是因为它们带了通俗味道。要做肯定不做通俗,而做纯文学。看三岛由纪夫和郁达夫,都长在儿时的真情实感,而我估计不行,只能写村上春树那样的东西。

博尔赫斯说:"我总是感觉到自己的命运首先就是文学。这就是说,将会有许多不好的事情和一些好的事情发生在我身上。但是我始终知道,所有这一切都将变成文字,特别是那些坏事,因为幸福是不需要转变的,幸福就是最终目的。"我的命运中似乎也有文学,但不在首位。我的幸福太多了一些,心中的郁结太少了一些,这对文学很不利。因为我的生活在许多方面已经到了最终的目的地,再写起来,恐怕要犯"强说愁"的毛病。

写什么

读了2009年度诺贝尔文学奖得主赫塔·米勒的小说，一直在猜她是哪国人，可能是东德，也可能是罗马尼亚，在集权国家生活过的人，农村人。我很喜欢她的小说。她的长处是从普通的事物中感觉出奇异的意义，发掘出奇异的印象。那个洗澡的故事写得多好，给人印象多真实、多刺激。关于葬礼的一篇也是，使人对那个浑浑噩噩的人、那个残酷的战争有了一种真实的感觉。

她使我认识到，人能不能写小说取决于两个要素：一是他的生活是否与众不同；二是他对生活的感受的深度和烈度。如果他的生活没什么特别的，那就没法写；如果他对生活的印象不够深，不够烈，那也没法写。

用这两个标准，我是不能写的，一个是生活比较平淡，另一个是感受比较平淡。那还写什么写？！可是当初是有窒息的感觉的呀。一般人没有这种感觉，但是知识分子会有，那就是言论不自由的感觉。现在这个问题基本解决了，但是仍可以写当年的感觉。她写的那个时代不是也过去了吗？

从小受不了无病呻吟的散文。什么写个花呀草呀，吟个月呀雪呀，除了小时候受的英雄主义教育之外，也确实受不了这种无聊的吟唱。凡说话，必言之有物，否则不说，这是我的原则。照这个弄法，我也只能写博客了，再严格一点就只能写微博，140字的限制，有话说，有屁放。

我之所以至今仍停留在博客阶段，没有进入微博阶段，是因为听了一个朋友的话，他说："写博客是为了让别人知道你的思想；写微博是为了让别人知道你的生活。"我现在还没有进化到让人了解我的生活的阶段，我为什么要让别人了解我的生活呢？我觉得想让别人知道自己生活的人不外两种：一种是孤独得厉害，另一种是自我膨胀得厉害。我现在并没觉得孤独，也没自我膨胀，所以不写微博。但是我估计早晚会发展到想写微博的阶段，只是不知道到那时微博还兴不兴，也许早就换成别的什么时尚了。

博客这种形式在我看来是一种最符合写作本意的形式，它没有经济动机，甚至没有"立言"的动机——每天说几句闲言碎语，立什么言呢？只是逞一时之快，宣泄一下情绪，就像远古先人，郁闷时仰天长啸。一言以蔽之，就是直抒胸臆。我感到生命中一切都已满足，需要的只是这时不时的一声长啸。也许我今后几十年的主业就是写写博客了。

摈弃费力的生活

朋友推荐我读印度大师克里希那穆提的《人生中不可不想的事》，很有共鸣，对此人有相见恨晚的感觉。

例如：

"一个喜悦的、真正快乐的人，是不费力气生活的人。"

"我们的心有没有可能随时都自在，完全没有挣扎，不仅仅是偶尔感觉自在就算了？如果能够达到这种境界，我们就能进入不再与人比高低的喜乐状态。（内心挣扎的原因）不外乎是忌妒、贪婪、野心和竞争……当我们挣扎时，起因总是来自真实的自己和期望中的自己之间的冲突。"

我们从幼儿园开始就在与人竞争，总要与别人比高低，别人比自己强时，就难免忌妒，这就使我们的内心不得安宁。因为在这个世界上，总有人比我们更有才华，更有权力，更有名望，更富有，更美丽，如果不安于自己所拥有的，内心就永远没有快乐。除了和别人比，我们还同期望中的自己比，期望中的自己也总是比真实的自己更有才华，更有权力，更有名望，更富有，更美丽。而这样就必须不断地奋斗。

里尔克说："我想，就是这种费力的态度毁了我们，使我们几乎每分每秒都在奋斗中。"

我到底是要费力地生活,还是不费力地生活?我到底是要喜悦地生活,还是要痛苦地生活?应当做出选择。

伊壁鸠鲁哲学

小时候看西方哲学史就对伊壁鸠鲁情有独钟，近日重读更加喜欢。虽然他对自然界现象的解释和猜测错漏百出，但是有些人生哲理的智慧之光竟能穿透两千年的时光，照亮今人的心灵，真是够强大，够深邃。

试举几例：

> 在所有的欲望中，有的是自然的和必要的，有的是自然的但不是必要的，有的既不是自然的也不是必要的，而是由于虚幻的意见产生的。

所谓"自然的和必要的"指的是不得满足就会痛苦的欲望，比如饥饿、干渴、寒冷。要满足这些欲望只需些微的努力。

所谓"自然的但不是必要的"指的是能带来快乐，但是没有也不会痛苦的，比如奢侈的宴饮。他似乎把性放在了这个档次。

所谓"既不是自然的也不是必要的"指的是对名利、权力的过度追求，比如"戴上王冠，被竖立雕像"。

能带来宁静的最佳办法就是简单的生活方式；它不要人忙忙碌碌，它不要求我们从事令人不快的工作，它不会硬要我们做那些力所不及的事情。

很多人不甘心过简单的生活，因为挣钱太少，或者满足不了自己的虚荣心。其实对人身心最有益的是去做一份从从容容的工作，一份自己喜欢的工作，一份自己能够胜任愉快的工作。

我们做的一切事情都是为了这个目的：免除身体的痛苦和灵魂的烦恼。

将生活的目标确定为身体的无痛苦和灵魂的无烦恼，这就是伊壁鸠鲁所主张的，听上去简单，做起来并不容易。生活中，各种诱惑太多了。我们不知不觉就会去追求那些不自然也不必要的目标，名呀、利呀、权呀。让我们以伊壁鸠鲁的这段话共勉：

无论拥有多么巨大的财产，赢得多么广的名声，或是获得那些无限制的欲望所追求的东西，都无法解决灵魂的紊乱，也无法产生真正意义上的快乐。

退隐和参与可以兼得

发现一本好书：古罗马塞涅卡的《哲学的治疗》。

论生命之短促。大多数人俗务缠身，整日忙碌，终其一生，并没有属于自己的时间，所以他们真正的生命只有短短的数年而已。就连娱乐也不一定是真正属于自己的时间，他提到象棋和球类运动，说："那些把欢愉变成一种繁忙事务的人并非空闲之人。"就连搞研究也不一定是真正的生活，比如有人研究《伊利亚特》和《奥德赛》中哪本书是先写出来的，谁是做这事或那事的第一人，等等，他把这个叫作"了解无用事务的徒劳的激情"。

那么什么样的生命才是长久的呢？他说，在所有人中，唯有那些把时间花在哲学上的人是闲适从容的，唯有他们才真正地活着。因为他们不满足于有生之年，"他们把所有的时代都合并到他们自己的生命中"。我想，他所说的绝不是哲学专业，而是做哲学之思考。脱离这微不足道、转瞬即逝的现实生活，"全身心地投入那无限的、永恒的、可与更为优秀的人共同分享的过去"。

论心灵的宁静。他一方面想过宁静的哲思的生活，一方面又受到虚荣的生活的诱惑。他曾官至准摄政和帝王师。身居高位并没有免除他的内心矛盾。在思想斗争之后，他希望过退隐的生活。

退隐只是从世俗的争斗中退出，并不是去过完全孤寂的出世的生活。他说："一个过退隐生活的人要记住，不管他隐匿何处以求得闲暇，他都应该甘愿以他的智慧、他的呼声、他的忠告助益于个体和人类。"

整整两千年了，这个人的所思所想所说竟然就像一位熟稔的朋友在耳边沉思的絮语。这感觉是如此奇妙。他的时代没有互联网，他对社会生活或者是参与，或者是退出，二者必须择一。而我们是多么幸运——我们可以既选择退隐，又直接以自己的思考参与社会生活，可以分析、解说，在需要的时候发出自己的呼声和忠告，帮助自己的社会，做有益于社会进步的事。

《福柯的生存美学》读书笔记

这是一本570页60万字的大书,作者高宣扬,冗长,沉闷,文笔一般。但是,福柯是我的最爱,他的生存美学又是我在他所有理论中的最爱,所以还是硬着头皮逐字逐句地精读了一遍。能把这么有趣的一个话题写得如此沉闷,真是令人惊异,尽管公道地讲,全书论述细致入微,对福柯的描写翔实可信。

审美生存

生存美学的核心是"创建绝对自由的个人自身"。(《福柯的生存美学》第11页)

什么叫绝对自由的自身?福柯想说的是什么?他的想法是用自身取代主体(subject),主体这个英文词极有意思,它做名词用时意思是主体,做形容词用时意思是从属的、受支配的,这就正好对应了福柯对主体的深刻批判:主体并不是自由的、自然的、与生俱来的,而是被一套文化、价值和话语建构起来的。因此,所谓用自身取代主体,就是用自由取代不自由。换言之,福柯生存美学的核心就是从被各种规范话语塑造出来的主体中冲杀出去

（拔除），使自身得到真正的自由（福柯："将主体从其自身中拔除出来。"）。

唯有把生活本身当成艺术创造和审美的过程，才能彻底领悟生活的意义。(《福柯的生存美学》第15页）

只有审美的生活才值得一过。人的日常生活是枯燥烦闷、无限重复的，因此只有审美生存才是美好的生存方式。我想，所谓审美生存有三项可能的内涵：最浅的是对艺术和美的欣赏、享用；其次，如果你是个艺术家，可以得到创造美的快乐（罗曼·罗兰："艺术……赋予心灵以最珍贵的财富，即自由。因此，没有别的任何人能够比艺术家更愉快。"）。最深的一层是以一种审美的优雅态度生活（海德格尔，"人，诗意地栖居"），最终目标是把自己的生活雕刻成一件美不胜收的艺术品。

福柯把欢度自己的美好生活，当成不可让渡和不可化约的、高于一切的"绝对"本身。正如他自己所一再强调的，生存的真正目的，不是外在于自身的抽象意义，而是纯粹为了自身，为了自身之美和自身之快乐和愉悦。人的生存的真正价值，就在于为自身创造各种审美生活的可能性，使自身在不断创新的好奇心的驱使下，经历各种生活之美，推动生存美本身跨入广阔的自由境界。(《福柯的生存美学》第13页）

我觉得这与加缪的一个说法有异曲同工之妙，也可以说是对加缪的话的一个注解。加缪说："正因为人生没有意义，才更值得一过。"我的理解：只有审美的人生才值得一过；如果能创造美，则你的生命更有价值。

审美生存的一个准则，就是认为审美的生存，既不限定在固定的规范和界限之内，也不从属于任何外在的目的。(《福柯的生存美学》第24页)

没有规范，没有外在的目的。所谓外在目的大约应指所有世俗的成功目标：金钱、权力、名望。摈弃所有这些外在的目标，仅仅追求美，享用美，创造美，这样的生存才是审美生存。

人的身体及其欲望和情感，从本质上说，就是无规律和无视规则。它们是真正的"无法无天"的。(《福柯的生存美学》第50页)"一旦产生，就要尽情发泄；而一旦发泄，就要达到最高和最充分的满足，即达到高潮。"(《福柯的生存美学》第51页)

各种各样的话语、规范都是对人的欲望的压抑、限制，而只要欲望产生，它的目标就是宣泄，所有关于宣泄方式、宣泄对象的规定都是审美生存的障碍，必须摈弃、冲决。

审美就是生存的目的自身，因而，审美就是为了审美本身。人的好奇，其首要和最高目标就是满足审美快感。(《福柯的生存美学》第382页)

审美不是生存的手段，而是生存的目的。为审美而生存；为生存而审美；为审美而审美。获得审美快感就是生存的目的，而且是唯一的目的。

没有审美,人生在世就没有意义。正是审美创造和鉴赏活动,将人生引入最自由的境界,使人摆脱了一切人间烦恼,享受着最高尚的审美愉悦快感。审美使人生变得富有诗意和多姿多彩。(《福柯的生存美学》第394页)

审美是人生唯一的意义。

在伊壁鸠鲁的生存美学中,拯救自身意味着一方面使自己得到"无忧无虑"的恬静自如的生活,另一方面使自己完全靠自己的能力和力量,不诉诸外界,实现自身的快乐、幸福。(《福柯的生存美学》第406页)

过上无忧无虑、恬静自如的生活是生存美学的一个起码目标。

生存美学重视个人自身的精神思想境界和生活风格,强调自身的从容的生活态度和豪迈优雅的气质,重视身心共同全面升华超越的生活技艺。(《福柯的生存美学》第420页)

思想,风格,态度,气质,生活技艺。

生存美学不是手段,而是目的本身,是人作为一种特殊的生存物,将其自身的存在视为目的自身的自然豁达的生活艺术。(《福柯的生存美学》第426页)

生存美学是目的,不是手段。

生活无非是为了自身。人是为自身而活。这就是说,人是有尊严的,他的生命和生存不应该为了别的任何事物。哲学家提出的问题是,人必须怎样生活,才算是过人所应该过的生活?(《福

柯的生存美学》第436页）

古希腊哲学所关注的问题是，关怀自身的艺术。这是犬儒学派、伊壁鸠鲁学派、斯多亚学派最关注的问题。

伊壁鸠鲁认为，愉悦快感是人的一种基本情态，是人的一生中应该追求的最高目标。伊壁鸠鲁本人一向保持一种恬静自得的节制生活方式，喜欢同自己的友人祥和地对话，时时展现他在理智上的智慧和敦厚的宽广心胸。在同他人的交往过程中，学会选择与自己志同道合、情感相通的人，学会使自身的快乐同相好的他人共享，达到自身与他人的亲密相处，创建一个美好的生活环境。（《福柯的生存美学》第438页）

我从小就倾心于伊壁鸠鲁学派，将快乐作为人生的最高目标，无论追求的过程，还是目标的实现，都是快乐的。他关于友人是快乐的永久源泉的思想是我交友的动力，为我带来美好的人生。

晚期斯多亚学派的塞涅卡认为，肉体快乐是不足道的，要紧的是精神安宁。他坚持一种怡情悦性的态度，凡事都要拿得起、放得下，不必过分计较、瞻前顾后，而是要放得开，疏神达思，颐神养性。（《福柯的生存美学》第448—449页）

看轻肉体快乐，看重精神安宁。所有的事情都要做到放得下，不必过于纠结。时间可以治愈一切创伤，精神安宁才是化境。

塞涅卡认为，所谓年老，实际上就是能够自由地掌握自身的快乐的人终于对自己感到充分的满足，不需要其他不属于他们自

己的快乐。(《福柯的生存美学》第449页)

老年是生命的黄金时代,主要是身心的自由和精神的宁静。

犬儒学派代表人物安提西尼认为,人生的目的就是幸福,而所谓幸福就是快乐。所谓善无非是幸福;而所谓恶就是痛苦。真正的智者总是独立于他人和社会的影响,无视各种规定。他不需要家庭,不需要财产,不需要儿女,不需要工作……(《福柯的生存美学》第453—454页)

有点儿过了。

生存美学实际上就是死亡美学。懂得生存美学的人,总是在生活中反思死亡,即使在活着的时候,也不断探索死亡,同死亡打交道,竭尽所能逾越生活的范围,品尝死亡的味道。最美的死亡,就是在审美中为了审美而死去。(《福柯的生存美学》第527页)

要常常想死的事,要把这件事想透,想到真正不再惧怕死亡的程度,想到能够坦然面对的程度,这是生存美学的一项重要内容。

活着就是为了使自身变得年老。因为只有到了年老,才能获得生存的丰收成果,才有可能真正宁静下来,找到人生的最怡然自得和最可靠的处所。宁静是人生最理想的状态,它意味着完满、安适、丰足、深厚、丰盈、崇高、泰然自若、无忧无虑。只有到了年老阶段,人生才有可能宁静。(《福柯的生存美学》第533页)

宁静是老年的褒奖,泰然自若,无忧无虑。孔夫子言,随心所欲不逾矩。

梭罗，诗意的栖居

梭罗终生酷爱大自然，他生活在大森林里，终日打交道的是土拨鼠和野鸭。他说："在绝大部分时间内，我就像人类文化优势的拥有者那样处世，现在刚从人们的交往中出来，进入树林，变得自由自在，成为自然中唯一的人，行走和沉思都达到别的人、人的习俗和体制所达不到的广阔范围。"他遗世独立，沉浸在孤独的思考和生活之中，当然，他有时会讲演，但是大多数时间独自生活和写作。他也关心当时国内政治中废奴制的斗争，但是更多还是关注大自然。

渴望过梭罗那样的生活，但是似乎可望而不可即。我们生活在水泥的森林里，打交道的是汽车和飞机。但是在精神上过梭罗那样纯净的生活并不是完全不可能的。在水泥的森林中，我们的精神可以遗世独立，可以追求纯净和美好，远离所有的丑陋和阴谋诡计，远离所有的竞争和世俗的目标。

梭罗的文字是一片碧蓝的海，下面是我在其中发现的一颗珍珠：

安静下来，平静下来吧……有时候我们前所未有地得到净化……就像最纯的水晶一般的宁静的湖，无须做什么我们的深度就显露出来了。世间万物在我们身边经过,倒映在我们的深水中。多么清澈啊!这种清澈需以纯洁的方式、通过简朴的生活和动机的纯真才能获得!我们欢乐地活着。(《梭罗日记》1851年6月22日)

安静,平静,净化,宁静,纯洁,清澈,简朴,纯真,欢乐,这就是梭罗的生活方式和生活态度。如果我想使自己的生活幸福和快乐,就应当保持这样的生活态度。这就是我追求的生活。

"我们应该像攀摘一朵花那样以温柔优雅的态度生活。""朋友们问我去林肯的弗林特湖畔做什么。看四季的轮回难道就不算一种职业吗?"

我们已经习惯了在各种各样的职业中度过自己的人生,从来没有想到可能会有这样一种职业,那就是"看四季的轮回"。我们习惯了在工作中消磨自己的人生,想不到还可以有这样一种温柔优雅的生活。

在想退休后的生活(还有半年),一句话在耳边响起:"梭罗加微博。"这将是我的生活。想当年,梭罗一个人住在瓦尔登湖,观察四季轮回就是他的职业。看过他写的一本关于植物的书,里面有他观察到的所有植物。看得心非常静。可惜他那时没有微博,而我现在有。生活将既是孤独的,又是被关注的。

网友:我们在你身边,从不曾远离。

回复:这种感觉真好。

网友：李老师在哪儿上班啊？

回复：我在社科院。有一次，有个人对我说，整个社科院我就知道你一个人。我差点儿笑死了，虚荣心小小地满足了一下。要知道，社科院对我的评价并不高啊。

阅读尼采之理想生活方式

尼采:"首先,他所需要的东西,一般来说,正好是那些别人瞧不起和扔掉的东西。其次,他很容易感到快乐,没有任何特别的昂贵的爱好;他的工作是不累的,而且似乎是宜人的;他的白天和黑夜没有蒙上良心谴责的阴影;他以一种与他的精神相适应的方式活动、吃、喝和睡觉,使他的心灵变得越来越宁静,越来越强壮和越来越辉煌;他的身体使他感到快乐,他从来没有想到过要恐惧它;他不需要同伴,有时他与人们在一起,只是为了随后更好地欣赏他的孤独;作为一种补偿和代替,他可以生活在死去的人中间,甚至生活在死去的朋友即曾经存在过的最好的人中间。"

这是一个思想者的最佳生活方式,也是我理想的生活方式。我决心在我的后半生尤其是退休之后,就按照这样的生活方式生活。没有更好的选择了。

检讨我为什么朋友很少,那是因为我是一个孤独的人、一个精神生活极其挑剔的人,而且对别人的依赖性很低,跟大多数人在一起都觉得浪费时间,不够谈话对手的水平,所以朋友极少。

真正内心丰富和强大的人是不需要同伴的、不需要朋友的,虽然有时和人们在一起，那也只是为了随后欣赏自己的孤独。相互粘在一起是内心不够强大的表现，是精神孱弱的表现。

人为什么不需要朋友呢？

首先，每一个人都是孤零零来到这个世界上的，除了父母、亲人之外，除了肉体上的依赖之外，一个完美的灵魂永远是孤独的。如果一个人的灵魂够强大，够完整，他必定是孤独的。他所有的话都是对自己说的。他所有的关注都在自身。他的痛苦必须自己独自承受；他的快乐也可以独享。这是一种特权，也是一种不得不如此的现状，因为每个灵魂都有独特的轨道、与众不同的兴奋点和关注点，不会跟另一个人重叠，更说不上融合。有的时候会有一点点重叠和融合，那已是很小概率的事情了。即使是最亲近的人，如相爱的两个人，其灵魂也不可能全部融合，更不必说仅仅是朋友了。

其次，依赖性是灵魂孱弱的表现，是灵魂不够强大、不够完整的表现。就像在现实生活中，穷人就比富人有更强的交友需求，因为他没有足够的能力自立，不能独自解决一切突发的困难，必须交到朋友，以备不时之需。而富人就没有这个交友的必要。灵魂上依赖朋友的人是灵魂上的穷人，自己不能独自应对困境，要靠别人帮助。灵魂上强大完整的人是灵魂上的富人，因此，他不需要朋友，不需要倾诉。他只对自己倾诉，自己碰到的问题，有能力自己解决。

再次，交朋友一定是为了愉悦，而不是为了互相救苦救难。互相帮衬的朋友不是真正的朋友，是利益上的交换。真正有趣的朋友只是灵魂的朋友，交流必定要带来愉悦的，否则就完全没有必要。这种愉悦是双方的、对等的，如果是单方面的、强求的、不平等的，那就不会有愉悦，而是一种折磨。

如果我此生幸运，可以有一两位灵魂朋友做伴；如果我不幸遇不到这样的朋友，也应当鼓起勇气，独自一人面对人生。

阅读尼采之关于爱情

尼采:"爱洛斯的魔鬼化最终变成了一场喜剧:由于教会在所有色情事物上的百般遮盖,'魔鬼'爱洛斯渐渐地变得愈发美丽起来,比所有圣人和天使加在一起对于人类还更有吸引力,以至于直到我们目前这个时代,恋爱故事仍然是所有阶层都能同等地带着一种夸张的热情乐之不疲的唯一事物,这种夸张的热情对于古代人来说是完全不可理解的,对于未来的人也将是滑稽可笑的。我们的所有思想的诗情,从最高级的到最低级的,都具有赋予爱情以过分重要意义的特点,甚至不仅仅是特点而已! 由于这个原因,未来的人们也许会认为,他们所继承的全部基督教文化遗产都带有某种头脑发昏和没有见过世面的特征。""淫荡的精神化被称为爱:它是整个基督教的最大胜利。"

爱情的起源原来是这样的,很有道理,可是没人从这个思路上想过,爱情的美好感觉是因宗教教条对人的身体欲望的压抑和贬低所做出的剧烈反弹。对于古人和未来人,都没有爱情这回事,爱情原来是欲望被魔鬼化、被压抑、被禁忌所引起的反弹,是一种夸张的热情。在压抑解除之后,反弹就没有必要,夸张也就变得可笑了。原来,爱神也就是一个正常人,可是年深日久的妖魔化、神秘化和刻意的遮遮掩掩把她变成了一个美人，由大量的想象和可望而不可即塑造而成的超级美人，在我们的后人看来，完全是不可理喻的。我们可以清醒了吧，虽然清醒了会比较痛苦——我们丧失了一个神圣而美好的东西。

那么，我们在现实生活中切切实实感受到的爱情又是什么呢？应当说是一种夸大对象的美好程度的激情，而只要激情变为长久的人际关系，激情就不得不回归为柔情，被夸大的对象也不得不回归本来面目，而这原初和粗糙的真实中必定包含了很多不那么美好甚至丑陋的细节。

每一个人都是孤零零来到这个世界上的，

除了父母、亲人之外，

除了肉体上的依赖之外，

一个完美的灵魂永远是孤独的。

真正有趣的朋友只是灵魂的朋友,

交流必定要带来愉悦的,否则就完全没有必要。

这种愉悦是双方的、对等的,如果是单方面的、强求的、不平等的,

那就不会有愉悦,而是一种折磨。

我深深感到，不可以将自己的心情系在别人的评价上。

因为人在这个世界上是绝对孤独的。

每个人都有自己的生活，有自己的兴奋点。

如果太介意别人的评价，必定不会有轻松快乐的生活。

爱情无疑是世间最宝贵的一种经验。

人在爱的时候处于一种微醺的陶醉状态，

会觉得天比平时蓝，阳光比平时明媚，生活比平时美好，

就连令人很难直面的宇宙的空旷、无意义似乎也不再那么令人绝望。

阅读尼采之人生的异常之美

尼采:"如果一个日暮途穷和疲惫不堪的人回首他的盛年和一生的工作,他一般总会得出一个令人忧郁的结论……当我们忙于工作时,或者当我们忙于欢乐时,我们一般很少有时间仔细端详生活和人生;但是,如果我们确实需要对于生活和人生做出判断,我们不应该像上面说的那个人一样,一直等到第七天安息日才肯去发现人生的异常之美。"

尽管知道上帝不存在、人的易朽性,尼采对生活和人生一点也不悲观,也不是虚无主义,在他的心目中,人生是异常美丽的。这实在可以安慰我们这些无神论者悲凉的心。

大多数人都很少能够顾上"仔细端详生活和人生",只是匆匆忙忙地过完一生。人生在世,所有的人只忙着两件事:工作、享乐。生命就在不知不觉间悄悄流逝,等我们一觉醒来,已经到了安息日,到了人生的最后阶段。能够停下脚步,仔细端详自己的人生,对许多人来说是一件奢侈的事。但是,难道我们不该常常在无意识的生存中停下脚步,仔细地端详一下自己的生活和人生并且像尼采那样去体会一下人生的异常之美吗?事实上,很多人从来没想过人生是美的,或者可以是美的。

阅读尼采之恢复质朴

尼采:"我们为了自己的利益而做的一切,不应该为我们赢得无论是其他人还是我们自己的任何道德赞美;我们为了自己的快乐所做的一切同样也是如此。在这种情况下淡然处之和避免一切滥情乃是更优秀的人的一种规矩:谁对这种规矩已经习以为常,谁就已经恢复了质朴。"

我恢复质朴了吗?

阅读尼采之充耳不闻的智慧

尼采："如果我们整天满耳朵都是别人对我们的议论，如果我们甚至去推测别人心里对于我们的想法，那么，即使最坚强的人也将不能幸免于难！因为其他人，只有在他们强于我们的情况下，才能容忍我们在他们身边生活；如果我们超过了他们，如果我们哪怕仅仅是想要超过他们，他们就会不能容忍我们！总之，让我们以一种难得糊涂的精神和他们相处，对于他们关于我们的所有议论、赞扬、谴责、希望和期待都充耳不闻，连想也不去想。"

只要你在任何一个方面超过他人，就不要指望别人能容忍；哪怕你仅仅是起了想超过别人的念头，你也就不要再指望别人对你的容忍。想通这一点之后，别人的褒贬就可以完全不去理会了——它们很难是公正的，即使是公正的，也不必过于看重。恐怕没有人能逃开这个规律，只能照此修炼了。

几篇读书笔记

摈弃激情

看到奥勒留贬低激情,一开始是不太理解的,激情总比麻木好吧。可是细想起来,他有他的道理。激情是平静的对立物,如果人总是陷在激情里面,他就不可能有平静的心情。他总是在讲古人和身边的熟人一个个最终归于寂灭,所有的激情也是一样的。因此,能够获得宁静是至关重要的。宁静是幸福的基础。

有时想,应当摈弃激情。激情是人生的困扰。而人生的最高境界是心态的平静和安宁。退一步说,如果实在按捺不住激情,也不要把它倾注在一个太具体的目标上,而应当让它指向一个比较宽泛的目标,比如写作。

机器一样的人生

我为什么要像机器一样度过我的人生呢?每每从法国文学中受到震撼。看了《陌路人》后感慨良多,法国人的想法总能发人深省:那个语文教员在小镇上过了一辈子平静的生活,可是总是在狂想另一类的生活，他平静地死在了手术台上，结束了他波澜不惊的一生。我的生活也是这样，总是充满了各种各样的狂想，在现实中却过得像一架"上满了弦的机器"。我当初听到这个评价一点也不高兴，我不觉得是在夸我，倒像是在骂我。是谁规定了我一定要这样满负荷地运转呢？难道我就是这样一架机器吗？可是不这样生活又能怎样生活呢？去玩？去旅游？玩游戏？看影碟？什么也不做？能不能创造一点自我娱乐的东西呢？我看很多东西非常低智，比如《青红》这样的东西，如果按照这个标准，我也许要强些？但是我在文学面前总是胆怯，不自信。其实如果实在没有事情可做，不妨一试。

健全与疯癫

塞涅卡引用柏拉图的话："健全的心灵只能徒劳地敲打着诗的门。"亚里士多德说："没有一位伟大的天才不曾有过轻微的疯癫。""不管怎么样，除非灵感袭来，否则心灵不可能说出其他人难以企及的话来。当心灵藐视庸俗之物和陈腐之言，受神性感召的激发而翱翔九天之际，此时唯有它才能吟唱出凡人之口难以企及的旋律。"

我太健全了，所以无法写诗。想到此，深感遗憾。我也不曾有过疯癫。一切都太正常了，所以不够伟大，没有天才。小波那样的人才是天才。他心中有郁结，不吐不快。这一切是可遇而不可求的，是由一个人的生长环境注定的。平庸的环境只能产生庸才，奇特怪异的环境才能产生天才。这真是让人绝望。人总不能为了有成就而把自己逼疯，也不能刻意选择一个充满挫折感的生长环境。

我们祝贺的对象

昨夜难以入睡，想着十一年前的此时此刻，小波的生命走向终结，他那两声长啸包含了难以言表的深重的痛苦和对生命最后的呼唤。窗外淅淅沥沥下起了春雨，一看表，11：20。多像是眼泪，就那么缠绵地、静静地流淌了一整夜，直到凌晨五点才止住。

近日在读帕斯捷尔纳克的《人与事》，心中充满惆怅。他的一段话抄录在这里：

> 艺术中充满世人皆知的事情和通常的真理。虽然大家都可以公开地运用它们，然而世人皆知的方法却久久闲置着，没人来运用。世人皆知的真理应当为极少数有幸人所掌握，也许一百年能遇上一次，那时它才能真正发挥作用。斯克里亚宾就是这么一位幸运儿。如同陀思妥耶夫斯基不仅仅是位小说家，勃洛克不仅仅是位诗人，那么斯克里亚宾也不仅仅是位作曲家，而是永远祝贺

的对象，是俄罗斯文化胜利与节日的化身。(《人与事》第197—198页)

这正是我对小波的感觉。他是这样一位幸运儿，是我们祝贺的对象。他有一次说过，自然科学上的成功是必须超越前人，站在巨人肩膀上，而艺术是从零开始的。他就是那位从零开始掌握了世人皆知的方法的人。他是一位有才华的作家，也许可以说是天才的作家。

而帕斯捷尔纳克，这位诺贝尔文学奖得主，却说过："我意识到自己毫无才华。"(《人与事》第152页)说过自己没有文学才能的人还有巴金。

几篇日记

8月5日，晴天

写小说的感觉可真奇妙，是我一生没有过的感觉。

那天听英国作家简奈特讲演，颇有几句话打动我心。她是一位成功的小说家，她讲到写作。

她说道，人写作时，摆脱了个人的狭小的生存空间，进入了一个更广阔的空间，与他人、社会和世界联系在一起。她的这个想法我还从来没有体验过，难道我不想体验？它好像给人一种在空中飞翔的感觉。这个我也还没有体验过，难道我不该体验？到目前为止，我写的东西只是一种劳作，是将知识介绍给大家，并不涉及我的心。难道我不能写涉及心的东西？难道我的心不值得让他人知道？不值得写下来？写不下来？我为什么总是在躲避自己的内心？总是在躲避我的渴望？总是在做一些周边的事情，不敢进入核心？那核心是空空如也的吗？为什么不像小波所说"我要试着创造一点美出来"？我一直让枯燥的劳作充满自己的每一天的生命，以便逃离涉及核心的那个东西。现在一切都停止了。我不再有任何借口逃离这个核心。我是不是可以开始尝试一下了？

我为什么还要躲避我的宿命呢？我的生活难道不值一写吗？我的一生从来没有碰到我的上限，从来不知道什么东西是我不能做好的，从来没有挑战过自己的极限，从来没有去绞尽脑汁做点什么。现在可以试试去挑战一下自己的极限了吧，看看如果我做，我能做出什么样的东西来？

9月5日，晴天

还从来没有过这样的感觉。心中跃跃欲试，很兴奋，很享受。小说即使没有第二个人看到，光是写作过程所带来的快乐就足够了。竟然夜不能寐，想的都是小说中的词句。太奇妙了。

今天完成了小说《四星期》。希望是一部真正的小说，而不是色情小说。好多人都能写小说，难道我这样饱读诗书又热爱文学的人反而完全不能写吗？

另外，我在想福柯说过的一个意思：在过去，在传统的关系中（他说的当然主要是异性恋爱）总是有长长的铺垫，最后才走上楼梯；而在现代关系中，故事是从上楼梯开始的。我觉得他的意思是，越到现代，关系越是直接指向性，而不会浪费很多时间在爱上面。

9月12日，阴天

写作处于井喷状态。每一点空闲都想写。按照里尔克的标准，我快到了不写会死的程度。我享受这个状态，我渴望这个状态。这是我一生最好的状态，我从来没有这样迷恋过写作。

短短的几天，已经写了三篇，好像这源泉永远不会枯竭，因为动力来自我的力比多。我相信它们的艺术价值。愿上帝保佑我的创造力还能保留十年。

我只要开始写，故事就自手中汩汩流出。最奇妙的是，我并不知道这些人物将有怎样的命运，他们只是过着他们自己的生活，我只是一个记录者。

9月16日，阴天

已经写了五篇了。非常享受。我想到萨德，也许我会成为他，中国的萨德，听上去挺吓人的。希望能保持状态。

做萨德需要极大的激情和勇气。看来这真的是我今后几十年的主要生活方式了。因为我喜欢写这样的东西，能感觉到愉悦，管他呢，这样来使用自己的生命吧。高兴就行，自得其乐就行了。萨德写的可比我多多了。我没事干，为什么不做这个呢？

萨德一生坐牢，前半段（法国大革命前）是因为违反当时社会道德的行为，后半段（革命后）是因为他所写的小说。他的小说充满性暴力，颠覆当时社会道德，是无神论的、渎神的。施虐狂因他得名。在现当代，虐恋已经基本上平反了，毕竟已经过去两百年了。在萨德的时代，写虐恋小说就身败名裂，受牢狱之灾，在21世纪，待遇会好很多。

10月9日，阴天

今天接到冯唐的评价：很牛，好看。心里有狂喜感觉。证明还是有一些价值的。但是，细节是我所缺，而这是致命缺点，可能预示我并不真能写小说。他说有论文感觉，的确是弱点。

10月13日，多云

最近，创作处于井喷状态，显然是原欲受阻所致。人的欲望在现实中完全没有办法实现，于是升华，化入文学创作。这些东西好不好呢？以我的鉴赏能力，应当是好的。冯唐说，虐恋绝对正常，也许在人类基因之中。对我是一个安慰。他是学医的。不过也有可能就是那么一说。即使是人类基因，完全正常，写一种原始的欲望的东西能是上乘之作吗？

英国作家王尔德说，只有两类小说：写得好的和写得不好的。

诚哉此言。

对于文学与道德的关系一直有两种观点，一种认为二者有关，一种认为二者无关。王尔德说："书无所谓道德的或不道德的。书有写得好的或写得糟的。仅此而已。"在文学与道德的关系问题上，我赞成王尔德的观点，文学只有写得好的和写得糟的两大类而已，不能说写得好的就是道德的，写得不好的就是不道德的；反之亦然，不能说写高尚道德的文学就是好的文学（它很可能是布道词或者宣传品），写低下道德的文学就是坏的文学（所有的淫秽品当然是道德低下的，而且是坏的文学，甚至算不上文学；但是有人以纯文学的手法塑造了一个恶棍或者写一件违反道德的事情，也有可能是一个好的文学作品）。

10月15日，阴天，小雨，大风

正在进入一生最有趣的阶段，每天早上醒来，心情愉悦，就像爱丽丝漫游仙境，准备进入一个未知的探险过程。总是打上一个标题，然后各种各样的人和事就汩汩流出，总是有惊喜，从来不去预先设计人物和逻辑，而是任它自己自由自在地游动，出现。我以前干什么去了？为什么不知道也没有探索过这个仙境？我已经虚掷了几十年时间，现在，我的生命重新开始了，用胡风的话来说："时间开始了。"幸亏现在还不太晚，我至少还有十年时间。

如果就这么一天几千字地流,估计会流成一个小湖了。大海是不能指望,没有那么多的能量。如果真如冯唐说的一半——比较牛,比较好看,我也就满足了。谁让我还享受了写作的过程呢?

现在我已经相当自信,用不着别人来肯定,也不怕别人的贬低和否定。因为这是我的生命,是我的享受,是我的快乐,是我的自由。我是一个自由人,我想做什么就做什么。哪怕所有人都不理解,我自己享受;哪怕所有人都说不好,我自己享受;哪怕所有人都不屑一顾,我自己享受这个过程。

这是我的生命,我是自由的。我现在早已摆脱必然世界,进入自然和自由的境界。

2月19日,晴天

今天决心用以后的时间写小说。写小说的,宁有种乎?我能看出好坏,这就是成功一半。比起那些小孩,我的生活经验和读书,是他们不及的。万事俱备,只欠提笔。我不是觉得这辈子未尝有过对我的才能的真正挑战吗?现在就决定挑战一下,看看我的极限是什么。试着创造出一点点美来。

3月18日，雪后晴天

今天像灵光一现，我忽然为将来的生活想出了一件可以做的事情：写论文式小说——主要是为了表达某种思想，但是有小说的成分，是论文和小说的混合体。比如"理想国"就是为了表达对一种理想人际关系的设想。这样可以扬长避短，写论文是我的长处，写小说是短处。谁规定东西只能怎样写了？尤其是在我现在这样完全可以不发愁发表任何东西的情况下。只要是我写的就行了，没必要按定例裁剪自己的爱好，而完全可以随心所欲地按自己的爱好来创造新的形式。这种进入自由境界的感觉真是太好了，令人兴奋异常。现实主义并不是唯一的标准。纯文学也不是唯一的标准。

8月6日，多云

进入自由境界。新浪竟然将小说置顶，这是意料之外的。原来以为都不一定被推荐，因为不是时评。这种与读者见面的方式的确是鼓舞人心的。尽管评价不高，但是总是有几万人能看到，这在传统出版中是不可能的。

现在可以说，无论我写什么，都是有读者的。这种境界是传统弄文学的人完全不可想象的，包括张爱玲这些人，还有那些苦苦挣扎找不到读者的人。已经有了这种出版途径，为什么还要出纸书呢？

我要撒开了想象写。撒欢儿了。

有一种感觉，凡是我写出来的，必定是只能这样的，不可能有其他的样子，人物不能说其他的话，做其他的反应，只能是这样的。我觉得这才是写作应当追求的境界。

照我现在这样每天几千字的水平，我将写多少东西啊。心里高兴极了。我现在才真正开始生活了。以前六十年多半都是白活了。

10月16日，小雨

今天一起床就发现下雨了，可能已经在夜里下了很长时间。屋里阴阴暗暗，心情还算平静，因为从小喜欢下雨。想起在德国看到刘扬的作品，中西对比：在阴雨天，西方人感到阴郁；中国人感到快乐。我猜想，有两个原因：一个是中国干旱少雨，好不容易下点雨，感到意外的惊喜；二是中国是数千年的农业社会，文化灵魂的深处是渴望雨露滋润的，庄稼如果没有雨就会感到干渴，许多地方还有祈雨习俗，这是西方大多生活在都市中的人感觉不到的。

从今天开始，自由写作，只是写些自己心里流出的东西，随心所欲。

想写帕斯捷尔纳克《日瓦戈医生》那样的东西。只可惜我们的生活没有像他的那样惊心动魄、波澜起伏。

看到林贤治谈到作家的忧郁气质，作家不喜欢喧闹浮嚣的日常环境，不爱参与集体的世俗活动，无法从事快速高效的劳动和工作，唯是耽于自我专注、孤独与沉思。

本雅明明确反对明晰和单纯，认为忧郁与艺术不可分割。

桑塔格则认为，因为忧郁症性格经常为死亡的阴影所纠缠，所有忧郁症患者阅世最为清楚。作家特别迷恋细小的或残存的事物，迷恋象征、隐喻和寓言。

忧郁的症状所表现出来的对痛苦的敏感、在精神探索方面的兴趣、内在的矛盾、情绪的失衡以及在整个精神活动过程中所透达的生命的梦幻色彩和神秘气息，与文学特质相同。我的问题是不够忧郁，过于明晰和单纯。所以，文学不是我的气质。

11月6日，晴天

小说写作处于停顿状态。心中动力不足。冷静评价一下小说集，虽然不是真正的上乘之作，但是有两个优点：纯粹、强烈。从我的审美标准看，一篇东西，如果它表达出来的感觉是纯粹的，那就和美沾了点边；如果它表达出来的情绪是强烈的，那就是有力量的、有趣的、能够感染人的。别的都做不到，有这两点，我已经可以聊以自慰了。

自己对自己的评价游移不定，有时觉得，也许就是维多利亚时代地下小说的程度，有时又觉得，是文学。

绝对不可以受他人评价的左右。对王小波都是这样，有人评价极高，有人评价很差，难道就不可能有客观的评价了吗？所以，不要太在意他人的评价，它基本上说明不了什么。因为至少其中有个人的喜好问题。因个人口味不同，评价自然会不同。评价高不能确定是真的好；评价低也不能确定是真的坏。因此可以释然。

只要内心还有冲动，就照冲动去做，做出来的东西是怎样的，让时间去评价。

重要的是，是否还有冲动。我还不能确定。

我深深感到，不可以将自己的心情系在别人的评价上。因为人在这个世界上是绝对孤独的。每个人都有自己的生活，有自己的兴奋点。如果太介意别人的评价，必定不会有轻松快乐的生活。我既然选择了写作，就应当自己享受自己的劳作，而不是战战兢兢等待别人的评价。别人喜欢和不喜欢能怎么样？只要自己喜欢就行了。如果别人能够喜欢，当然更好；如果没有一个人喜欢，自我欣赏，也很好。重要的是自己的心情的纯净和快乐。

人生短暂，稍纵即逝，只有过自由和快乐的生活，才对得起自己。所有的大作家都是怎样生活的？为什么他们多数都是独身？人世间最痛苦的事莫过于无法沟通，南辕北辙，缺少会心的一笑，缺少心有灵犀的交流。

  我的心,纯净如水。我选择自由和快乐的人生。我有足够的内心力量可以做这种选择。说得俗气一点,我有这个经济能力做这种选择。今后,我要过随心所欲的生活,所有我喜欢的事,就会去做;不喜欢的事,就不去做。我要从世俗的生活中彻底撤退,完全躲进自己的精神生活之中去。我的灵魂已经从尘世出走,去到我那个"至纯至净"的地方。那里只有美,只有快乐,只有纯粹的精神。我决定就这样提前"离世"了。

说到底，
人是孤独的

赞美孤独

孤独是人本真的状态，是人终极的状态。

无论人身边有多少亲人、爱人、朋友，他实际上是孤独的；无论人的生活中有多少亲情、爱情和友情，他的内心必定还是孤独的。人是孤身一人来到人世的，也将孤身一人面对死亡。这种孤独存在的一个证据就是疼痛：当你疼痛时，别人无法感同身受，只能一人独自忍受，体会，面对。

孤独是美的，不是丑的。人们嫌恶孤独，总是身不由己地想躲到人群中去。在人群中生活，可以使存在的荒谬感不那么尖锐，其区别有如一个人有皮肤和没有皮肤。人群就像人的皮肤，有了皮肤，人就不会感觉到疼痛。而一个孤独的人就像一个没有皮肤的人，一阵微风都可以给他带来刺痛，这微风的名字就叫作存在。独自一人面对广袤的宇宙和美好的人生，孤独可以是美的，而不是丑的。

孤独是强大的，不是孱弱的。几乎所有的大思想家、大文学家都是孤独的，从尼采、叔本华到卡夫卡、梭罗。他们的内心强大到不需陪伴，像一棵根深叶茂的大树，稳稳地挺立，深深地扎根于大地，不会因为一阵强风而倒下，也不惧风雨雷电。只有摆脱了所有俗世的纠缠，思想之蚕才能破茧而出；只有扯脱了所有人际关系的牵绊，独自的沉思才有可能。而在这个世界上，并没有多少人有这样的机会，并没有多少人的内心能够强大到这个程度。

孤独是快乐的，不是痛苦的。茕茕孑立，形影相吊，在人们心目中总是一幅凄惨的景象。但是如果能达到简单的身体舒适、精神愉悦的状态，独自一人也可以是快乐的，而并不必然是痛苦的。一个人吃饭、睡觉也可以是快乐的，并不一定是痛苦的；一个人听音乐、读书、看电影更不会比跟他人一起做这些事更不快乐；尤其是写作，那根本就只能是一人来做，一人独享，身边有人反倒会大受打扰。叔本华为噪音跟人打架的事情早就已脍炙人口。

孤独是自由的，不是束缚、囚禁和压抑。只要有人际关系的牵绊，无论是亲情、友情还是爱情，人就是不自由的，要受到种种的束缚和压抑。比如为孩子牺牲自己的时间，为朋友做自己不愿做的事，为爱人压抑其他的情感。所以，只有孤独的状态才是真正自由的状态，人可以独自去哭，去笑，去痛苦，去欢乐；只有孤独的人才能真正做到无拘无束，随心所欲。人的肉身和精神总是趋向自由，不愿受到束缚和压抑，而只有孤独的心才能自由飞翔。

赞美友情

友情是人生在世比亲情少见、比爱情多见的一种情感。

人人都有父母、亲人，与生俱来，血浓于水。即使是收养的孤儿，天长日久，与养父母的一家也会滋生亲情。相比之下，友情就不是人人都有的。

而爱情却是可遇而不可求的，真正的激情之爱发生的概率也并不高，多数所谓的爱情只不过是一般的两情相悦、耳鬓厮磨而已。即使如此，友情与爱情相比，发生的概率还是要高很多。它发生的条件不如爱情那么苛刻，不必时时在一起，不必有肉体接触，只是灵魂上产生一些投契、共鸣，即可成立。

与亲情相比，友情有更多选择的余地。它是双向选择的结果。一个人出生在富贵之家还是贫困之家是没得选的；一个人被亲人关怀备至还是被亲人厌恶、嫌弃也是没得选的。所以，亲情对一个人来说，可能是幸福，也可能是不幸。很多心理变态的连环杀手都出自亲情畸变的家庭。友情却没有这个问题，它必定是相互投契甚至心心相印的，否则就完全没有可能发生，也完全没有必要存在。

与爱情相比，友情的浓烈程度大大不如，但是也正因为如此，它持续的时间可以比较长。爱情像烈火，一旦燃料用尽，就会熄灭；友情却像山间的小溪，默默流淌，无休无止。再热烈的爱情也很少燃烧一生一世，因为那种烧法谁也受不了，最终爱情会在某种程度上转变为亲情和友情；友情却有可能延续很长时间，因为它不需要投入太多的燃料，是一种中庸和煦的感觉，这反而延长了它的寿命。

找到灵魂投契的友情实在是人生之大幸。得到友情的心灵如沐春风，如浴冬日。质量高的友情，其亲密无间可以达到温暖快乐的程度，其心有灵犀可以达到趣味无穷的程度。它甚至可以为人带来超过亲情和爱情的踏实感和欣慰感。最值得赞美的是，它可以减少孤独的感觉。虽然人生在世，每个人归根结底都是孑然一身的，但是有一颗相通相携的灵魂，毕竟还是使得人生显得不那么残酷、短暂、孤寂，而有了些微暖意。

友情与爱情

人为什么需要朋友？

朋友的功能一是分享，二是分担。分享的是快乐，分担的是痛苦。而一个内心强大的人，其实并不需要朋友。他的快乐可以自己独享，他的痛苦可以独自承受。

我的内心还不够强大，所以有时还有交友的欲望。但是别人的内心不见得不强大，所以还要看别人有没有相应的欲望。我希望自己内心真正强大起来，那就不会有太强的交友需求，也就会降低交友需求不得满足的痛苦。

说到底，人是孤独的，孤独地来到人世，孤独地离开人世。在肉体上也许可以不那么孤独，因为一批有血缘关系和姻缘关系的人会知道你的存在，会与你有关；但是在精神上，人绝对是孤独的，除了有极个别精神上的朋友，而这种朋友不可强求，只能是各种因缘际会的自然结果。

爱情这个东西很奇妙，它的理想形态应当是肉体朋友和精神朋友合二为一的一个实体。这两种性质能恰好凑到一个人身上的概率真是太小了，可遇而不可求。我相信，很多剩男剩女就是在等待这个人，等待自己生命中这个可遇而不可求的奇迹。

总有人问我对剩男剩女有什么样的规劝，我的规劝是两句话：一是，如果你很想结婚，那就不一定非要等到爱情不可，跟一个仅仅是肉体的朋友或者仅仅是精神上的朋友结婚也无不可；二是，如果你并不是很想结婚，而且一定要等待爱情，那你内心要足够强大，要做好终身独身的准备，因为爱情发生的概率并不太高。

我为什么几乎没有朋友

检讨我为什么几乎没有朋友，那是因为我是一个孤独的人，一个精神生活极其挑剔的人，而且对别人的依赖性很低，跟大多数人在一起都觉得浪费时间，所以几乎没有朋友。

尼采说过，他不需要同伴，有时他与人们在一起，只是为了随后更好地欣赏他的孤独；作为一种补偿和代替，他可以生活在死去的人中间，甚至生活在死去的朋友——曾经存在过的最好的人——中间。真正内心丰富和强大的人是不需要同伴的、不需要朋友的，即便有时和人们在一起，那也只是为了随后欣赏自己的孤独。相互粘在一起是内心不够强大的表现，是精神孱弱的表现。

看着美丽的图画，听着亨德尔的音乐，觉得生活无限美好。我要这样美好的生活，一直到终老。

这多好啊

人生在世需要亲情、爱情和友情。伊壁鸠鲁说，友情是人的快乐的永久的源泉。为什么这么说呢？因为亲情往往不是自己选择的，不一定能为人带来快乐；爱情虽然是自己选择的，而且给人带来强烈的快乐，但是它太强烈，又太脆弱，如果后来不转变为亲情和友情则难以持久；唯有友情，既出于自己的选择，又不是一种太过强烈的东西，所以能够成为人的快乐的持久的源泉。

小波有次讲到古希腊智者间的一种关系：古希腊有一种哲人，穿着宽松的袍子走来走去。有一天，一位哲人去看朋友，见他不在，就要了一块涂蜡的木板，在上面随意挥洒，画了一条曲线，交给朋友的家人，自己回家去了。那位朋友回家，看到那块木板，为曲线的优美所折服，连忙埋伏在哲人家左近，待他出门时闯进去，要过一块木板，精心画上一条曲线……我认真地想了一阵，终于傻呵呵地说道："这多好啊。"

希望与友人的关系就像这两个哲人，充满创造的激情、切磋和相互启迪。

爱情回味

与小波的爱实在是上天送给我的瑰宝，回忆中全是惊喜、甜蜜，小波的早逝更诗化了这段生命历程，使它深深沉淀在我的生命之中，幸福感难以言传。

最初听说他的名字是因为一部当时在朋友圈子里流传的手抄本小说《绿毛水怪》。虽然它不但是"水怪"，还长着"绿毛"，初看之下有心理不适，但是小说中显现出来的小波的美好灵魂对我的灵魂产生了极大的吸引力。当然，有些细节上的巧合：当时，我刚刚看完陀思妥耶夫斯基的一本不大出名的小说《涅朵奇卡·涅茨瓦诺娃》。这本书中的什么地方拨动了我的心弦。作品中的主要人物都是一些幻想者，他们的幻想碰到了冷酷、腐朽、污浊的现实，与现实发生了激烈的冲突，最后只能以悲惨的结局告终。作品带有作者神经质的特点，有些地方感情过于强烈，到了令人难以忍受的程度。书中所写的涅朵奇卡与卡加郡主的爱情给人印象极为深刻，记得有二人接吻把嘴唇吻肿的情节。由于小波在《绿毛水怪》中所写的对这本书的感觉与我的感觉惊人相似，产生强烈共鸣，使我们发现了两人心灵的相通之处，自此对他有了"心有灵犀"的感觉。

第一次见到他是跟一个朋友去找他爸请教学问方面的问题。我当时已经留了心，要看看这个王小波是何方神圣。初看之下，觉得他长得真是够难看的，心中暗暗有点儿失望。后来，刚谈恋爱时，有一次，我提出来分手，就是因为觉得他长得难看，尤其是跟我的初恋相比，那差得不是一点半点。那次把小波气了个半死，写来一封非常刻毒的信，气急败坏，记得信的开头列了一大堆酒名，说，"你从这信纸上一定能闻到二锅头、五粮液、竹叶青……的味道，何以解忧，唯有杜康"。后来，他说了一句话，把我给气乐了，他说："你也不是就那么好看呀。"心结打开了，我们又接着好下去了。小波在一封信中还找了后账，他说："建议以后男女谈恋爱都戴墨镜前往，取其防止长相成为障碍之意。"

小波这个人，浪漫到骨子里，所以他才能对所有的世俗所谓"条件"不屑一顾，直截了当地凭感觉追求我。当时，按世俗眼光评价，我们俩根本不可能走到一起：我大学毕业在《光明日报》当编辑，他在一个全都是老大妈和残疾人的街道工厂当工人；我的父母已经"解放"，恢复工作，他的父亲还没被平反；我当时已经因为发表了一篇被全国各大报转载的关于民主与法制的文章而小有名气，而他还没发表过任何东西，默默无闻。

我们第一次单独见面，他就问我有没有朋友，我那时候刚跟初恋情人分手不久，就如实相告。他接下去的一句话几乎吓我一跳，他说："你看我怎么样？"这才是我们第一次单独见面呀。他

我的生命哲学

这句话既透着点无赖气息，又显示出无比的自信和纯真，令我立即对他刮目相看。

后来，小波发起情书攻势，在我到南方出差的时候，用一个大本子给我写了很多未发出去的信，就是后来收入情书集中的"最初的呼唤"。由于他在人民大学念书，我在国务院研究室上班，一周只能见一次，所以他想出主意，把对我的思念写在一个五线谱本子上，而我的回信就写在空白处。这件逸事后来竟成了恋爱经典。有一次我无意中看到一个相声，那相声演员说："过去有个作家把情书写在了五线谱上……"这就是我们的故事啊。

我们很快陷入热恋。记得那时家住城西，常去颐和园。昆明湖西岸有一个隐蔽的去处，是一个荒凉的小岛，岛上草木葱茏，绿荫蔽天。我们在小山坡上尽情游戏，流连忘返。这个小岛被我们命名为"快乐岛"。可惜后来岛上建了高级住宅，被封闭起来，不再允许游人进入。

从相恋到结婚有两年时间。因为小波是78级在校大学生，我们的婚礼是秘密举行的。那是1980年，他是带薪学生，与原工作单位的关系没有断绝，所以能够开出结婚证明来。即使这样，我还是找了一位在办事处工作的老朋友帮助办的手续，免得节外生枝。我们的婚礼就是两家人一起在王府井的烤鸭店吃了顿饭，也就十个人，连两家的兄弟姐妹都没去全。还有就是他们班的七八个同学秘密到我家聚了一次。还记得他们集体买了个结婚礼物，是一个立式的衣架，由骑自行车的高手一手扶把一手提着那个衣架运来我家。那个时代的人一点也不看重物质，大家的关系单纯得很。

在小波过世之后，我有一天翻检旧物，忽然翻出一个本子上小波给我写的未发出的信，是对我担心他心有旁骛的回应："……至于你呢，你给我一种最好的感觉，仿佛是对我的山呼海啸的响应，还有一股让人喜欢的傻气……你放心，我和世界上所有的人全搞不到一块儿，尤其是爱了你以后，对世界上一切女人都没什么好感觉。有时候想，要有个很漂亮的女人让我干，干不干？说真的，不会干。要是胡说八道，干干也成。总之，越认真，就越不想，而我只想认认真真地干，胡干太没意思了。"

在我和小波相恋相依的二十年间，我们几乎从来没有吵过架、红过脸，感受到的全是甜蜜和温暖，两颗相爱的灵魂相偎相依，一眨眼的工夫竟过了二十年。我的生命因为有他的相依相伴而充满了一种柔柔的、浓浓的陶醉感。虽然最初的激情早已转变为柔情，熊熊烈火转变为涓涓细流，但是爱的感觉从未断绝。春蚕到死丝方尽，蜡炬成灰泪始干。就这样缠缠绵绵二十年。这样的日子我没有过够，我想一生一世与他缠绵，但是他竟然就那么突然地离我而去，为我留下无尽的孤寂和凄凉。

爱情与孤独

爱情无疑是世间最宝贵的一种经验。人在爱的时候处于一种微醺的陶醉状态，会觉得天比平时蓝，阳光比平时明媚，生活比平时美好，就连令人很难直面的宇宙的空旷、无意义似乎也不再那么令人绝望。这就是世上有那么多讴歌爱情的诗歌、小说和艺术品的原因。当爱情发生时，人们可以忽略贫富贵贱、美丑妍媸，甚至忽略年龄和性别；为了追求爱情，人们可以忘掉世俗的讥讽，忍受羞辱和折磨；人们甚至会为爱情发疯、自残、自杀。爱情究竟是什么？为什么它会拥有如此可怕的力量？

爱情当然是世上最美丽的花朵。如果说琐碎的日常生活只是粗糙的泥土，那么它的最美好的产出就是长出这朵美丽的花。这花朵照亮了泥土的平凡、沉闷甚至丑陋。从宇宙的熵增趋势来看，爱情的发生绝对是一个减熵的事件，在人生势不可当的一切归于解体、腐朽和混沌的大趋势中，爱情在这污浊的洪流中像一座无缘无故突然显现的小岛，中流砥柱似的挺立在洪流的正中，虽经受着无情的冲刷，但仍然屹立不倒。这小岛上鸟语花香，芳香四溢，动人的歌声不绝于耳，只有想象中的天堂可以与之媲美。尝过爱情滋味的人，世间最美味的珍馐佳肴他也不愿拿来换，荣华富贵全都被视为粪土，不值一哂。

然而，普鲁斯特表达过这样的意思：所有的爱情都使对方变形，在爱发生时，对方的一切被大大美化，远离了实际情况。人们爱的实际上是自己的爱。否则无法解释为什么同一个人，在恋人眼中是那么美丽动人，在没有爱的人眼中却毫无出色之处，可以完全无动于衷。难道爱情所依赖的全是错觉？应当说，的确有这种成分，不然，爱情不会被叫作迷恋。当某人被一个对象所迷惑时，对象的优点被极度夸大，而缺点被有意无意地隐去。因此，婚姻被经典地称为"爱情之坟墓"——当两人从天上的忘情爱恋坠落到地上的耳鬓厮磨时，真相回归，不仅看到了对方的缺点，甚至可以看到对方的丑陋，其中既包括生理的排泄类活动，也包括精神上各种琐碎讨厌的念头、言语。尽管有这种种的不如意和微微的失望（这在人热恋时是很难察觉到的），爱情关系仍不失为世间最可宝贵的，是最值得人们追求的。

我今天准备冒天下之大不韪，来公然谴责爱情，仅仅从它蒙蔽人生真相的角度：对于一个自由的灵魂来说，爱是不自由的，不爱才是自由的；爱是束缚，不爱才无束缚。一个自由自在的灵魂只能独自一人面对宇宙。人生来就是孤独的，所有的关系（包括爱情关系）都是身外之物，对于渴望自由飞翔的灵魂来说，都是羁绊。

所有的思想家都是孤独的：尼采、叔本华、卡夫卡、梭罗，盖因不如此不能面对真实的世界和宇宙。人生也是绝对孤独的。应当安于这种孤独。当爱的时候，人的注意力集中在一个灵魂之上，无暇旁顾。快乐则快乐矣，但是整个人昏头昏脑，迷失在尘世一时的快乐之中，无法冷静地面对人的真实处境，关于人生的意义也会暂时脱离清醒的看法，把短暂的快乐当成生活最实在的全部的意义，以一时之甜遮蔽永恒之苦。上述残忍想法可能来自酸葡萄（求爱而不得），但是其严酷的真实性绝非酸葡萄可以解释，即使那些吃到葡萄的人也无法回避。

我的一生中，吃过葡萄（享受到美好的爱情），也遭遇过酸葡萄（单恋、失恋）。在这两种情况下，我都不敢稍忘，人的灵魂其实是孤独的，人必须独自一人面对人生和宇宙。一个人孤零零来到人世，再一个人孤零零离开，融入宇宙无限的熵增趋势，默默地被宇宙的一片混沌吞噬。这是人生在世最残忍的很少有人能够坦然面对的事实，即使最伟大、最美好的爱情也无法改变这个事实。

一只特立独行的小猪

儿子小壮壮正在上幼儿园大班。他漂亮出众，也很聪明，但是好像特别晚熟，淘气，一点也不愿意学习。恐怕在他开窍之前（估计要到10岁左右）肯定适应不了正规的小学生活。

现在常常出现的局面是，全班小朋友都学写字，就他一个人不写。有一次老师让他写字，他说没有带作业本。老师说一会儿检查他的书包看是不是真没带，他趁老师不注意就跑出去了。有小朋友向老师"举报"："壮壮出去扔作业本了！"

他平时只是酷爱看各种动画片，如《猫和老鼠》《鼹鼠的故事》。别的小孩都有个理想，问他长大想当什么，他答："当狗。"问为什么，答曰："小狗多可爱呀。"

壮壮属于有点学习障碍的孩子，就是学同样的东西，要比别人多费几倍的努力。如果情况不能改善，即使将来大学入学率达到90%，他也不一定能上大学。我在想，对于这样的孩子只能尽人事以听天命。我只希望他有一个幸福的人生，但不一定是个成功的人生。

我把对他的希望写在一张纸上，让他带在身边，上面是我对他的三个要求：做一个快乐的人，这样你的人生才能幸福；做一个有知识的人，这样你的人生才能丰富；做一个懂礼貌的人，这样你的人生才能优雅。

壮壮的趣事：

趣事之一：这天他做了好多小丸子，每个都很圆。壮壮说："我是大厨师了，我不是人了！"

趣事之二：一天壮壮从幼儿园回来说："小朋友让我当美眉，我不当。"问："壮壮哪是美眉呢？壮壮是白马王子嘛。"壮壮却说："我不是白马王子，我是糊涂蛋。"（白雪公主里七个小矮人之一叫这个名字。）

趣事之三：晚上让壮壮临睡前去尿尿，壮壮尿完后说："妈妈，我尿饱了。"（以为喝水呢。）

壮壮现在还好混，今年9月上小学后老是班上最后一名可怎么办呢？真发愁。我们现在考虑几个选择，一是像郑渊洁那样自己在家里开私塾，再有就是去上个外语学校，学习也许比较不太严，也因为在幼儿园壮壮最喜欢上英语课，虽然他无论讲中文、英文都有点大舌头。无论怎样，这个小家伙给我们的生活带来了很多快乐，我们也希望他能多享受一点童年时光。真的不忍心看他为写一个名字哭得鼻涕眼泪流成河，他愿意玩就多玩些日子吧。

妈妈印象

妈妈是一年前走的。她走得很平静，在88岁的高龄。

妈妈的好几位好友都写了纪念文章，可是我一直没写。在我心中，妈妈就是一个妈妈，她像所有的妈妈一样慈祥，像所有的妈妈一样爱孩子，也像所有的妈妈一样有着各种各样的小毛病，比如说过度节俭。直到最近，我在做性别研究时，重新翻出了当初对妈妈做访谈时留下的录音记录，我才突然间意识到，妈妈是多么地与众不同，多么地出类拔萃。

我做社会学，关注的都是社会和人的常态，那次访谈访问的是几十位各式各样的妇女，有工人、农民、干部、知识分子，访谈中会问到她们和丈夫是不是平等、谁做家务事、如果能选择回家愿不愿意回家，等等。谈的过程中，妈妈总是用一种挑战的口气回答我的问题，谈完之后，妈妈说了一句，这些问题不好，没有意思。我当时还不大高兴，现在重新听才发现，妈妈之所以不喜欢这些问题，是因为这都不是她的问题，就像福柯说的："这不是我的问题。"妈妈所关注的问题早已超越了这些。

妇女先锋

李小江做"中国妇女的口述史",曾邀我访问妈妈。我当时很忙,此事就拖了下来,现在我很后悔,因为妈妈她们这一批"三八式"的干部,当年怀着满腔热血奔赴延安的知识青年,恰恰是中国妇女几千年历史上从来没有过的新人,是中国妇女解放的先锋。正是这些参加革命的女性或称女性职业革命家为中国女性参与社会生活开了先河,也为男女平等的意识形态成为主流意识形态起了最关键的作用。

妈妈在我的访谈中说:"1936年我师范毕业了,就自己找工作,回到新野县小学教了半年书,后来又回我的母校邓县女中教了半年书。后来七七事变,我就出来(去延安)了。那时我有个老师是地下党员,介绍我们去参加革命了。"妈妈是裹过脚的人,在河南农村,姑娘脚大是嫁不了好婆家的,所以妈妈被她的妈妈裹了脚,幸亏裹得不是太小,时间不是太长。妈妈就是用这双"解放脚"跟那批热血青年一起唱着歌一步一步走到延安去的。唱歌的事是我看到妈妈一个简短的回忆录里写的——在妈妈还没有老到不能写作时,我劝妈妈写回忆录,可是她总是觉得自己太平凡了,不愿写。

妈妈和爸爸是自由恋爱的,这在当时的中国绝对是凤毛麟角。听妈妈说,她在20世纪30年代末在抗大学习期间认识了爸爸。

有一次，她和爸爸一起踩着石头过一条河，她走不稳，爸爸去拉她，就在双手接触的一刻，他们相互爱上了对方。我觉得他们真的很浪漫。这大概就是我长大后喜欢浪漫爱情的源头吧。爸爸跟着解放大军初进城时，风流倜傥，像很多男人那样，有点花心，对一些漂亮的女同事有点过于热情。闲话传到妈妈耳朵里，妈妈一点也不像旧式妇女那样哭天抢地、痛心疾首，只淡淡地说了一句："我的感觉就像清晨散步。"这句话把妈妈作为一位有独立生活天地的新女性的自信表现得淋漓尽致。她对自己充满自信，对与爸爸的关系充满自信。

据我的观察，爸妈的关系是和谐的、充满感情的，尤其是平等的。"文化大革命"期间，家里的房子被收走几间，有一阵我在父母屋里的沙发上睡觉。每天早上六点半，这两位老新闻工作者都准时收听新闻，之后有长时间的议论，我能听出他们对国家命运的忧心忡忡，也听出了他们观点的和谐一致。

父母关系的平等还表现在为我们取的名字上。两个姐姐姓爸爸的姓，我和我哥哥——家里唯一的男孩——姓妈妈的姓。这样起名完全违背了我国传宗接代的传统。记得有一次我在马来西亚讲演，题目是中国的男女平等事业。讲到孩子可以随母姓，我举了自己的例子。由于马来西亚是中华文化传统深厚的社会，来听讲的又有许多华人，听众们兴奋地讨论起随母姓的事情，言谈话语之间流露出对中国男女平等事业的钦羡之情。我也在略感意外之下生出了一点自豪——即使在西方社会，女权主义闹得如火如荼，女人结婚后还大都要冠丈夫的姓，更不要想孩子随母亲姓。所以我认为，妈妈无论在公在私，都不愧是一位"妇女先锋"。

农民喉舌

妈妈从1946年《人民日报》创刊时就到了报社，一直工作到退休。所以"报社"这个词对于幼年的我来说，就是"家"的意思。看病去"报社"，上幼儿园去"报社"，洗澡去"报社"。妈妈的工作和家庭早就融为一体。正因为如此，在我访问妈妈时，问到如果在工作和家庭中选择一样她选哪个的问题就显得特别古怪，不怪妈妈没好气地说："都是革命干部，不工作干什么？"女人回家的说法对于她来说简直就是笑谈。

妈妈很长时间担任《人民日报》农村部主任。她这辈子主要和农村问题打交道。具体都有哪些争论、经过哪些斗争我不了解，但是"大寨""七里营"，后来是"包产到户"这些词在她嘴里出现频率很高。这都是她多次采访、报道过的人和事。记得那年她在改革后重访大寨的一篇文章还得了全国新闻奖。

妈妈是带着感情去工作的，因为长期搞农村工作，她的感情就给了农民。我还隐约记得，那时我也就七八岁，妈妈爸爸每个礼拜天都带我们几个小孩去公园。有一次我们去了天坛公园。天坛公园那时候又大又野,里面还有农民种地。妈妈爸爸见到农民,就会过去跟他们问这问那,问他们的收入,问蔬菜的价钱——我后来做了社会学,启蒙的根子也许该追到这儿吧。

妈妈对农民的感情还表现在对她的保姆身上。她是安徽的农妇。妈妈为了让她多挣钱,允许她在闲着的时候到别处去打工,一般的雇主都不会答应保姆这样做的。妈妈还无偿地接待她的儿子、女儿、亲戚,以至每礼拜我回家看妈妈,保姆那屋总是人声鼎沸。在我的印象中,妈妈的家就像个大车店。过春节、劳动节、妇女节,妈妈还要给保姆发节日奖金。报社北边的农贸市场一开张,妈妈就成为那里的热情顾客,再不去国营商店买东西了。好像在那个农贸市场上卖菜的农民就是"农民富起来"的象征。就连沙发、写字台之类,她都请街上游动的农民木匠打,钱不少给,打出来的沙发硌屁股。我隐隐地觉得妈妈是在为当年"割资本主义尾巴"不许农民搞副业做忏悔、做补偿呢。

有一次我代表妈妈去看望她的老友、前农委主任杜润生,他用一支大粗碳素笔颤巍巍写了"农民喉舌"四个大字,让我带给妈妈。这确实是对妈妈一生的恰当的总结。

淡泊人生

妈妈的一生活得淡泊,淡泊名利,远离所有的诱惑。自从妈妈看了电影《巴顿将军》，就对里面的一句话念念不忘："一切富贵荣华都是过眼的烟云。"我一再从妈妈那里听到这句话,我感到,这正是妈妈对人生的感悟。

妈妈对于钱财非常淡漠,她在用钱上是两个极端:对自己竭尽克扣之能事;对他人却大方得要命。妈妈吃饭之简单是出了名的。听报社的人说,报社食堂一点儿破菜汤、一个馒头就是她的一顿饭。妈妈住的地方也没有正经装修过,没有一件像样的家具,有外地亲友来京看望她时惊为"贫民窟"。可是妈妈给希望工程捐钱却不吝惜。有一回,河南老家的村里来信劝捐修小学校,妈妈一次就寄去一万元。这在她一生的积蓄里占了不小的比例。农村老保姆退休,她坚持要给退休金,念她在我家照顾父亲和她多年,妈妈给了她两三万元的退休金。而她留给我们四个孩子的"遗产"总共才几万元。

妈妈对于"名"也很淡漠。妈妈在写作上有很高的抱负,可惜并没有实现。这是我在她生命的最后时刻才知道的。那次访谈,有一个问题是问及什么是她心中理想的女性,妈妈却所答非问地说了一句:"我写的那些都远远不是我想写的。"我知道,这就是报社的老人纷纷出版自己的作品集时妈妈从来不动心的原因——她所写的东西由于各种原因,并不是她最想写的,也远远没有达到她心目中的高度。而且她并不在意出名。

其实,妈妈写作和说话都特别生动,这是妈妈的特点。我看她写的少数几篇文章，感觉的确是这样。还听说，当年闹形式主义、"左"倾思潮的时候，人们写作、说话都是千人一面、枯燥乏味的，可是妈妈生动的个性使她不甘寂寞，以至人们竟然都特别爱听她的检讨——她即使在检讨中也不爱用那些套话。比如她在谈到自己的身世时曾说过自己是"小姐的身子丫鬟的命"——她生在一个大地主的家庭，但是由于父亲重男轻女，她从小就被送到舅舅家去住，小小年纪就尝到了寄人篱下的滋味。

由于妈妈外表过于朴实，从来不会梳妆打扮，竟致被人误作文盲老太太。报社一位老阿姨给我讲过一个妈妈被人传为笑谈的逸事。有一次，妈妈到报社前面的小书店去买书，那个小年轻的售货员问她："老太太，你识字呀？"妈妈笑眯眯地说："识得几个，识得几个。"按照概率，在妈妈这个岁数，又是个女的，百分之七八十应当是文盲的。这个小青年万万想不到，站在他面前的这位老奶奶岂止识字，还是一位以文字为生的人呢。

妈妈生命中最精彩的一笔是捐献遗体。妈妈以她淡泊名利的一贯作风在遗嘱中提出：死后不开追悼会，不搞告别仪式，遗体捐献供医学研究之用。爸爸当初也是捐献了遗体的。这是他们两人商量好的。在一个有着活人要靠死人的亡灵保佑的传统观念和习俗的文化中，此举绝对是惊世骇俗的。那些斤斤计较墓地排列顺序的人也无法理解他们的境界。在我心中，妈妈此举是以自己的肉身为标枪，向人世间的虚名浮利做了英勇、美妙而彻底的最后一击，以此为她作为一个女战士纯洁高贵的一生画了一个圆满的句号。

虽说一切富贵荣华都是过眼的烟云，但是人可以活得很精彩，也可以活得很乏味。我觉得妈妈的一生虽然平凡，但是绝不平庸，她的生活相比之下是精彩的。虽然她的生命已经如烟飘散，但是她绝对属于出类拔萃之辈。

看一点儿生命哲学

看一点儿生命哲学

退休心态越来越浓。心里想的常常是如何度过今后的几十年。

很多人相当气急败坏,甚至有了愤青的情绪。与之相反,我的心境反而日益趋于平静。人,诗意地栖居。此正当其时。一定要看一点哲学,尤其是生命哲学。

看书的快和慢

今天在想退休后的生活。我会有很多很多时间,可是想不好该用来做什么。好像想做很多事。我看书差不多是诵读速度,很慢。有时,我庆幸自己有这样一个缺点。这样,同样看一本好书,我可以比小波多享受七倍的时间——因为他读书的速度是一般人的七倍。

网友:我很好奇以他的速度是怎么消化这些作品的。

回复:真是很奇特。

家里人以为他看得这么快,一定有很多内容没看到,可是一问他,他都说得上来。这是一种天赋吧。

你所拥有的就是你想要的

看了《秘密》一书，全书阐述的正是我早就悟出的一个道理：你所拥有的就是你想要的。它只不过是把这个道理反过来讲：你真正想要的你一定会拥有。其实，很简单，如果你真心想要一个东西，你必定专注于它，你必定特别在意它，一心一意追求它，于是你得到它的概率无形中就增加了。什么宇宙间的吸引力之类只不过是一种将这种努力神秘化的说法。它说，如果你特别想要这个东西，你就向宇宙发出了一种吸引力，把相同性质的东西吸引过来了。我牛刀小试，果然应验。当我想要一种精神交流的时候，我就得到了它。这使我更加确信，只要你真的渴望什么东西，你一定会得到它。因为你发出的信息是强烈的，自然会得到相应的响应。

快乐的两个维度

那天全家聚会，姐姐告诉我爸爸得脑血栓之后说过的一句话，使我相当震惊。他说："我这辈子没有一件高兴的事。"此话听去如此沧桑，如此凄凉，正是爸爸一向秉持的极端风格，他说此话时的样子呼之欲出。

我想，人的高兴与不高兴有两个维度，一是主观，一是客观。

从主观维度看，生活目标越高的人越不容易高兴。一个懵懵懂懂过日子的人常常可以很高兴，而一个给自己定立较高生活目标的人就会不高兴，因为他觉得自己的目标都没有实现。爸爸的抱负肯定是挺大的，没有实现，所以会不高兴。客观维度也不是一点作用没有，得了冠军的就比得亚军的高兴，当了部长的就比只当局长的高兴，富人就比穷人高兴。我想，爸爸的不高兴也有客观维度的影响。

客观维度对于几乎所有的人来说只能是比上不足、比下有余。人活得高兴与否应当主要是个主观维度的问题。往高兴了想就可以很高兴，往不高兴想就不会高兴，甚至一生都不高兴。我要吸取爸爸的教训，做一个高兴的人。

被人喜欢的感觉

孩子过节还是很高兴的，总要跟我抢电脑打游戏。他现在迷"植物大战僵尸"。有那么好玩儿吗？

网友：我也爱玩，好玩！银河老师，初一快乐，龙年快乐，可喜欢你了。

回复：被人喜欢，感觉很好。

那天看到一句话：被人深爱的人是幸福的，深深爱着某人的人是幸福的。扩展一下：被人喜欢的人也是幸福的。

佛与禅

昨天看到检查结果，好像是无罪开释，心情豁然开朗。但是，从这个事件想了很多，多少体验了一下那些得了不治之症的人的感觉：绝望、痛苦、无助、怨怼。上天是不公平的，有些人就是会平白无故地遭受厄运，只能蒙受刻骨铭心的痛苦和绝望。生老病死，在劫难逃。这都是早晚的事。我的内心总是指向佛的道理。我想，这些道理很是透辟，即使撇开前世来生之类说不清的东西，仅仅作为一种人生哲理，佛与禅也是站得住脚的，是一种精神资源。

存在主义

从小就受存在主义的吸引，到现在已经五十多岁，仍不改初衷。记得最早听到"存在主义"这个词是看灰皮书，好像是萨特的《存在主义是一种人道主义》。当时也就十来岁，看得半懂不懂，但是仍然硬着头皮看，因为其中有无限的魅力。现在也不能说就真的懂了，但是对于生命之偶然和人对自己的选择负责、承受这选择的全部好处和坏处这一点，已经有了亲身的体验。

看到李泽厚说学校教不了哲学，觉得很欣慰。其实，哲学是人的思想，学校又能教什么呢？就像我对社会学的感觉一样。我想，自己对生命的连绵不断的沉思也应当算一种生命哲学吧，只是不知道能想出什么高明的东西来。

他人即地狱

感谢一位网友为我讲的爱因斯坦和弗洛伊德的故事：有一次，爱因斯坦过生日，弗洛伊德的贺信中称他为"幸运儿"，爱因斯坦很纳闷儿，问他为什么会认为他是个幸运儿。弗洛伊德说："很多对于我的研究领域一无所知的人都会对我的研究提出道德质疑，而对你的研究领域不懂的人从来不会说三道四。"

网友对我的担忧和关爱令我感动。由于搞性研究，与弗洛伊德有同感：很少有别的学科遭遇到性研究所遭遇到的压力，至少天文学、物理学不会引起人们那么多的道德义愤，也没有其他学科在研究本身之外，要担负那么多的社会责任。

请网友放心，我既然做了，就一不做二不休，不会退缩。忘了在哪里看到这样一句话：如果说周围人的议论是一面镜子，人在镜子里绝不会认出自己的。萨特的"他人即地狱"可能也是这个意思。我生活得很愉快，我想我所想，说我所说，如果碰巧有人喜欢，我引为同道；如果有人不喜欢，那也是意料之中的事。我不可能让所有的人都喜欢我，我从来没有这样的抱负。

美是稀少的

美在世间是稀少的。叔本华的一句至理名言:"我们所看到的人都是那么丑陋。"如果你仔细看周围,看电视上的人,会发现大多数人都是丑的。由此可见,美在这个地球上是稀少的。大自然是美的,但是人是丑的。小波说:"我要试着创造一点美出来。"我也想试着创造一点美出来。

人世间的事情也是美好的少,丑恶的多。在知道了这一点之后,人会有一种深刻的绝望。我相信有很多人都像我一样绝望。

前些日子到南方去,坐火车走京广线,路上见到的所有的城市和房子都是那么肮脏、丑陋,像垃圾,只有当车窗外是田野和湖泊时,才稍稍能看几眼。昨天看了《玩命快递》,才感觉有了点生趣。看来美只在虚构之中。如果没有这样的东西看,真是生不如死。

美与丑

所有高雅的文化艺术都是贵族和享受贵族生活的人创造出来的(这个论点不完全成立),因为他们是世上唯一解决了生存问题的一群，他们整天无所事事，游手好闲，穷极无聊，百无聊赖，于是，挖空心思做各种游戏，追求美的享受。而所有的艺术只有一个追求，一个标准，那就是美。就像写职场钩心斗角算不上艺术一样，所有写尘世平庸生活的东西都不是美，那只是丑陋而已。远离丑陋的生活，享受和追求美吧。

审美比重

看地理频道自然界的生生死死、弱肉强食，感到很是惊心动魄，同时又无比平静。这倒使我想起天桥的说书人，他的揽客词是"人活一世就是为了吃"。自然界所有的动物都只在做一件事，就是吃，动物们全部的生存活动就是为了吃。也许还加上繁衍。人是可以将吃在生活中的比重降到最低的动物。吃在一个人的生活中比例越大，他越接近低等动物；食色之外的生活内容（审美）所占的比重越大，则人越远离动物。前者生活质量较低；后者生活质量较高。人活一世，质量高些才好。

星空·音乐·肿胀

眼睛映着美丽而深邃的星空，耳朵里充满亨德尔的室内乐，一口一口喝着铁观音茶，每品一口，嘴里留下丝丝甜味。这才是生活。当然最大的快乐还是做着创造性的事情，写一篇杂文，写一首诗，写一篇小说，沉浸其中，感觉到心中的肿胀。更美妙的感觉是写作时感觉到某处的肿胀，简直妙不可言，可以说是灵魂和肉体的双重愉悦的感觉。

现在每天的生活就是读书、写作、看碟，平静，幸福。记得老友曹天予有一次说，只要往电脑前一坐，就心花怒放。他当年被打成"反动学生"，去劳改，挣扎在生死线上，所以对于能够安静地坐在书桌前的生活倍感幸福。我虽然没有这么惨痛的经历，但是也能体会到他的心情。

鸟儿为什么叫

散步时，鸟儿的叫声使我驻足。我想，鸟儿为什么叫呢？它的歌唱是几乎完全没有目的的，既不是为了让人听，也不是为了建立功勋，更不会为了什么实用的目的。这使我想起写作。纯真的写作就像鸟儿的鸣叫，不是为了听众，也不是为了满足自己的虚荣心，更不是为了拿它派什么用场，而是发自内心的情不自禁的歌唱。

清澈的眼神

再次见到司汉,这一别有十五六年了吧。记得上次见他还是张元导《东宫·西宫》,我和小波去恭王府探班。司汉演同性恋者阿兰。他不是专业演员,就凭本色表演,演得那么自然,真是天才啊。他带来一位朋友,是位著名的摄影师,给布莱尔拍过照的,有幸让他给我照了几张相。回想对他的印象:清澈的眼神。我偏爱有清澈的眼神的人,觉得其中蕴含着内心的优雅。

无聊的陷阱

一个月一个月过得飞快。至退休只有一年零五个月都不到了。还有一个课题要做——我的生命。我的生命,正风驰电掣地离我而去。我现在的生活质量是很高的。肉体舒适,精神愉悦,我都做到了。问题在于创造,我现在创造力不强,处于一种倦怠的状态,或者说是慵懒的状态。我总想改变,但是动力不足,不知怎的,还是掉进了叔本华的钟摆陷阱,当然是无聊的这一方。

天籁

美妙的乐声像天籁,拨动我的心弦。有的甚至使人要落泪。世上怎会有如此的美丽?我愿意自己的生活由它们陪伴,直到永远。

身心健康与精神生活

卡夫卡引用克尔恺郭尔的话："身心完全健康地过一种真正的精神生活是没有一个人能办到的。"不知他为什么这么说。他所说的精神生活是指宗教生活。不管他说的精神生活是什么，身心健康和精神生活为什么一定不能共存呢？我觉得我现在就是一个身心完全健康的人，而我也能够过一种真正的精神生活。我能办到，相信很多人都能办到。

他的意思好像是说，如果一个人身心完全健康，他就不会需要精神生活，不会需要宗教；如果他需要精神生活，他必定是在身或心出了问题的时候。确实，人在身体生病时才会想到神，求神赐福；或者是在心中出现危机时才会想到神，求神解答疑问。

但是，我仍然可以在身心完全健康，没有问题的时候追求精神生活，使自己的人生更丰满、快乐。

我能创造吗

人类一思考，上帝就发笑。

这话是如此蛮横，让人无所适从。

如果人不过一种沉思的生活,他该过什么样的生活呢?难道他只能做行尸走肉吗?难道他只能拥有物质的生活?

我想试试不同的生活。

我想写一些不拘形式的东西,即既不是小说,也不是论文,不是散文,不是诗,是一种忽略形式的东西。

我感到自己正处于一个生活的关键时刻,面临一个重要的选择。这关系到今后几十年的生活质量,关系到我的生存方式。生活在物质方面已经进入自由状态,无忧无虑,随心所欲。在物质生活中,一切欲望都已经满足。我可以进入纯精神的领域了。

我能创造吗?时间(闲暇)就是我的资本。我的工作性质给了我大量的闲暇,这是一般人很难得到的。

走向涅槃境界

我所需要的只有舒适和静思,其他一切似乎与我无关。这也许是一种可怕的冷漠,但是我的心日甚一日地沉静下去,没有什么事情能让我真正激动、痛苦,也没有什么事情能够真正引起我的关注。我觉得现在的自己正在日甚一日地走向涅槃境界。生命的躁动和沸腾使我感到的不是羡慕,而是同情。

忌妒是绿色的

不要忌妒别人。忌妒是绿色的,忌妒败坏人的心情。这世上总有人比我更有才能,比我更富有,比我更美丽。享受自己所拥有的,不羡慕自己所没有的,这样才能保持愉快的心情。人活一世,不可能拥有所有的东西。与其让自己所没有的那些东西来诱惑自己,败坏自己的生活,不如安于自己已经拥有的一点快乐和平静。

仇恨和忌妒是两种强烈的情绪。它们给人带来坏心情,应当远离这两种情绪。每当我陷入其中,心情就变得无比恶劣和沮丧。因此,应当安于自己所有的,不过多奢望自己所没有的。不管你拥有什么,它都是你的;不管你没有什么,它都不是你的。一定要得到不属于自己的东西,总是会把自己的心情搞得很糟。

虚荣心

想到人的一生其实也就是身边的几个人知道你曾经存在过,这的确是一件让人沮丧的事。这大概就是人想出名的一个原因。可是,有较多的人认识你又有什么分别呢?你该怎样还是怎样,还是照样地生老病死,没有什么实质的改变,只能满足一点虚荣心而已。现在有人以我为题写书了,我不愿看。那又怎样呢?真正能够给人带来喜悦的是什么呢?还是物质和精神上的享受。这就是我现在力图使自己生活中充满的东西。

人到无求品自高

人到无求品自高。人到无求心自宁。无论是求名求利,还是求别的什么,只要心中还有"求",就无法到达恬静愉悦的境界。而且,有很多东西,你越急切地想得到,它们就会离你越远。而当你对它并不孜孜以求的时候,反而会得到;即使得不到,至少还落得一个心情平静。

一切归于平淡

在年轻的时候,人对生活满怀憧憬,总以为自己的一生会是多么地与众不同,多么地精彩纷呈,甚至是多么地灿烂辉煌。可是几十年过去后,一切都归于平淡,就像《祸不单行》里那个得癌症的人,他竟然从疗养院与人私奔,想去体验生活中的快乐,但是结局暗淡无光。生活还是露出了它本来的残酷本相。如果我的生命还有几个月,同它还有几年、几十年又有什么本质的不同呢?我总有一种抑制不住要成为生命哲学家的倾向。这个问题从年轻时就缠绕着我,是我生命中永不厌倦的主题。我一点都不怀疑这一点:它一直会跟我到死。

正因为人生无意义，才更值得经历

加缪所说的"我的反抗，我的自由，我的激情"是我所看到的对人生意义最好的回应。加缪说，正因为人生是没有意义的，它才更值得经历。这话听上去不像个道理：为什么正是因为它无意义才更值得经历？像是有点强词夺理。也许是指如果为了什么具体的意义或利益的事情倒不能引起人的兴趣吧。因为无论是财富、权力，还是声望，最终都没有什么意义，一切世俗所谓的"意义"均无意义，所以，去经历和体验一种原本没有意义的生活，去发现它，去创造它，也许为它赋予一点点非常私人的意义，这倒还有点可能。去体验各种有趣的事情，去创造一点点美，把自己的人生塑造成一件精美的艺术品，这才是值得去做的事情，虽然最终，这一切还是没有意义的。

死是唯一重要的哲学问题

关于生命无意义的看法不可让人们知道，这是因为，一旦知道，有些认真的人可能自杀或出家，就像陀思妥耶夫斯基小说中的基里洛夫那样。因此人们需要欺骗，让他以为自己的人生很忙碌，很有意义，或者至少不去想这个问题，或者忙得顾不上想这个问题。大多数人就是这样做的。但是我不成，我想起这个问题的频率相当高。我倒愿意把每一天醒来当作出生，把每晚睡去当作死去。这样，生活的每一天都像一声警钟，提醒我生命的短促和无意义。我相信，经过这样的训练，到死时我会很平静，因为我早已实践过无数次了。加缪说，死的问题是唯一重要的哲学问题，我同意。我就是一个实践的生命哲学家。